홍원표의 지반공학 강좌 토질공학편 5

지반의 지역적 특성

홍원표의 지반공학 강좌 토질공학편 5

지반의 지역적 특성

삼면이 바다인 우리나라는 여러 가지 목적으로 해안을 매립하여 토지를 확보하고 있다. 특히 서해안과 남해안에서는 대규모 해안매립공사를 통하여 공단이나 주택단지의 부지를 조성하고 있다. 조성된 부지에 토목 및 건축 구조물을 축조할 경우 지반의 제반 특성을 파악해야 안전한 설계를 할 수 있으며, 구조물 축조 후의 거동을 올바르게 예측할 수 있다. 서해안과 남해안에는 대부분 두꺼운 층의 해성점토가 존재하고 있어 이 해성점토의 토질특성을 파악하는 것도 기존 구조물이나 흙 구조물의 설계 및 시공에 절대적으로 필요하다.

홍원표 저

중앙대학교 명예교수
홍원표지반연구소 소장

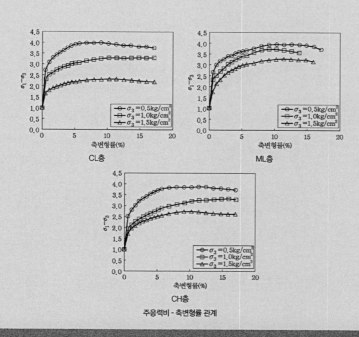

주응력비 - 축변형률 관계

씨아이알

'홍원표의 지반공학 강좌'를
시작하면서

2015년 8월 말 필자는 퇴임강연으로 퇴임식을 대신하면서 34년간의 대학교수직을 마감하였다. 이후 대학교수 시절의 연구업적과 강의노트를 서적으로 남겨놓는 작업을 시작하였다. 퇴임 당시 주변에서 이제부터는 편안히 시간을 보내면서 즐기라는 권유도 많이 받았고 새로운 직장을 권유받기도 하였다. 여러 가지로 부족한 필자의 여생을 편안하게 보내도록 진심어린 마음으로 해준 조언도 분에 넘치게 고마웠고 새로운 직장을 권하는 사람들도 더없이 고마웠다. 그분들의 고마운 권유에도 귀를 기울이지 않고 신림동에 마련한 자그마한 사무실에서 막상 집필 작업에 들어가니 황량한 벌판에 외롭게 홀로 내팽겨진 쓸쓸함과 정작 집필을 수행할 수 있을까 하는 두려운 마음이 들었다.

그때 필자는 자신의 선택과 앞으로의 작업에 대해 많은 생각을 하였다. '과연 나에게 허락된 남은 귀중한 시간을 무엇을 하는 데 써야 행복할까?' 하는 질문을 수없이 되새겨보았다. 이제 드디어 나에게 진정한 자유가 허락된 것인가? 자유란 무엇인가? 자신에게 반문하였다. 여기서 필자는 "진정한 자유란 자기가 좋아하는 것을 하는 것이며 행복이란 지금의 일을 좋아하는 것"이라고 한 어느 글에서 해답을 찾을 수 있었다. 그 결과 퇴임 후 계획하였던 집필 작업을 차질 없이 진행해오고 있다. 지금 돌이켜보면 대학교수직을 퇴임한 것은 새로운 출발을 위한 아름다운 마무리에 해당하는 것이라고 스스로에게 말할 수 있게 되었다. 지금도 힘들고 어려우면 초심을 돌아보면서 다짐을 새롭게 하고 마지막에 느낄 기쁨을 생각하면서 혼자 즐거워한다. 지금부터의 세상은 평생직장의 시대가 아니고 평생직업의 시대라고 한다. 필자에게 집필은 평생직업이 된 셈이다.

이러한 평생직업을 가질 수 있는 준비작업은 교수 재직 중 만난 수많은 석·박사 제자들과의 연구에서부터 출발하였다고 생각한다. 그들의 성실하고 꾸준한 노력이 없었다면 오늘 이런 집필작업은 꿈도 꾸지 못하였을 것이다. 그 과정에서 때론 크게 격려하기도 하고 나무라기도 하였던 점이 모두 주마등처럼 지나가고 있다. 그러나 그들과의 동고동락하던 시기가 내 인생 최고의 시기였음을 이 지면에서 자신 있게 분명히 말할 수 있고 늦게나마 스승으로서보다는 연구동반자로 고마움을 표하는 바이다.

신이 허락한다는 전제 조건하에서 100세 시대의 내 인생 생애주기를 세 구간으로 나누면 제1구간은 탄생에서 30년까지로 성장과 활동의 시기였고, 제2구간인 30세에서 60세까지는 노후 집필의 준비시기였으며, 제3구간인 60세 이상에서는 평생직업을 갖는 인생 마무리 주기로 정하고 싶다. 이 제3구간의 시기에 필자는 즐기면서 지나온 기록을 정리하고 있다. 프랑스 작가 시몬드 보부아르는 "노년에는 글쓰기가 가장 행복한 일"이라고 하였다. 이 또한 필자가 매일 느끼는 행복과 일치하는 말이다. 또한 김형석 연세대 명예교수도 "인생에서 60세부터 75세까지가 가장 황금시대"라고 언급하였다. 필자 또한 원고를 정리하다 보면 과거 연구가 잘못된 점도 발견할 수 있어 늦게나마 바로 잡을 수 있어 즐겁고, 연구가 미흡하여 계속 연구를 더 할 필요가 있는 사항을 종종 발견하기도 한다. 지금이라도 가능하다면 더 계속 진행하고 싶으나 사정이 여의치 않아 아쉬운 감이 들 때도 많다. 어찌하였든 지금까지 이렇게 한발 한발 자신의 생각을 정리할 수 있다는 것은 내 인생 생애주기 중 제3구간을 즐겁고 보람되게 누릴 수 있다는 것이 더없는 영광이다.

우리나라에서 지반공학 분야 연구를 수행하면서 참고할 서적이나 사례가 없어 힘든 경우도 있었지만 그럴 때마다 "길이 없으면 만들며 간다"라는 신용호 교보문고 창립자의 말을 생각하면서 묵묵히 연구를 계속하였다. 필자의 집필작업뿐만 아니라 세상의 모든 일을 성공적으로 달성하기 위해서는 불광불급(不狂不及)의 자세가 필요하다고 한다. 미치지(狂) 않으면 미치지(及) 못한다고 하니 필자도 이 집필작업에 여한이 없도록 미쳐보고 싶다. 비록 필자가 이 작업에 미쳐 완성한 서적이 독자들 눈에 차지 못할지라도 그것은 필자에게는 더없이 소중한 성과일 것이다.

지반공학 분야의 서적을 기획집필하기에 앞서 이 서적의 성격을 우선 정하고자 한다. 우리 현실에서 이론 중심의 책보다는 강의 중심의 책이 기술자에게 필요할 것 같아 이름을 '지반공학 강좌'로 정하였고 일본에서 발간된 여러 시리즈 서적물과 구분하기 위해 필자의 이름을 넣어 '홍원표의 지반공학 강좌'로 정하였다. 강의의 목적은 단순한 정보전달이어서는 안 된다고 생각한다. 강의는 생각을 고취하고 자극해야 한다. 많은 지반공학도들이 본 강좌서적을 활용하여 새로운 아이디어, 연구테마 및 설계·시공안을 마련하기 바란다. 앞으로 이 강좌에서는 「말뚝공학편」, 「기초공학편」, 「토질역학편」, 「건설사례편」 등 여러 분야의 강좌가 계속될 것이다. 주로 필자의 강의노트, 연구논문, 연구프로젝트보고서, 현장자문기록, 필자가 지도한 석·박사 학위논문 등을 정리하여 서적으로 구성하였고 지반공학도 및 설계·시공기술자에게 도움이 될 수 있는 상태로 구상하였다. 처음 시도하는 작업이다 보니 조심스러운 마음이 많다. 옛 선현의 말에 "눈길을 걸어갈 때 어지러이 걷지 마라. 오늘 남긴 내 발자국이 뒷사람의 길이 된다"라고 하였기에 조심 조심의 마음으로 눈 내린 벌판에 발자국을 남기는 자세로 진행할 예정이다. 부디 필자가 남긴 발자국이 많은 후학들의 길 찾기에 초석이 되길 바란다.

2015년 9월 '홍원표지반연구소'에서

저자 **홍원표**

「토질공학편」 강좌
서 문

'홍원표의 지반공학 강좌'의 첫 번째 강좌인 「말뚝공학편」 강좌에 이어 두 번째 강좌인 「기초공학편」 강좌를 작년 말에 마칠 수 있었다. 『수평하중말뚝』, 『산사태억지말뚝』, 『흙막이말뚝』, 『성토지지말뚝』, 『연직하중말뚝』의 다섯 권으로 구성된 첫 번째 강좌인 「말뚝공학편」 강좌에 이어 두 번째 강좌인 「기초공학편」 강좌에서는 『얕은기초』, 『사면안정』, 『흙막이굴착』, 『지반보강』, 『깊은기초』의 내용을 취급하여 기초공학 분야의 많은 부분을 취급할 수 있었다.

이어서 세 번째 강좌인 「토질공학편」 강좌를 시작하였다. 「토질공학편」 강좌에서는 『토질역학특론』, 『흙의 전단강도론』, 『지반아칭』, 『흙의 레오로지』, 『지반의 지역적 특성』을 취급하게 될 것이다. 「토질공학편」 강좌에서는 토질역학 분야의 양대 산맥인 '압밀특성'과 '전단특성'을 위주로 이들 이론과 실제에 대해 상세히 설명할 예정이다. 「토질공학편」 강좌에는 대학 재직 중 대학원생들에게 강의하면서 집중적으로 강조하였던 부분을 많이 포함시켰다.

「토질공학편」 강좌의 첫 번째 주제인 『토질역학특론』에서는 흙의 물리적 특성과 역학적 특성에 대해 설명하였다. 특히 여기서는 두 가지 특이 사항을 새로이 취급하여 체계적으로 설명하였다. 하나는 '흙의 구성모델'이고 다른 하나는 '최신 토질시험기'이다. 먼저 구성모델로는 Cam Clay 모델, 등방단일경화구성모델 및 이동경화구성모델을 설명하여 흙의 거동을 예측하는 모델을 설명하였다.

다음으로 최신 토질시험기로는 중간주응력의 영향을 관찰할 수 있는 입방체형 삼축시험과 주응력회전효과를 고려할 수 있는 비틀림전단시험을 설명하였다. 다음으로 두 번째 주제인 『흙의 전단강도론』에서는 지반전단강도의 기본 개념과 파괴 규준, 전단강도측정법, 사질토와 점성토의 전단강도 특성을 설명하였다. 그런 후 입방체형 삼축시험과 비틀림전단시험의 시험 결과를 설명하였다. 이 두 시험에 대해서는 『토질역학특론』에서 이미 설명한 부분과 중복되는 부분이 있다. 끝으로 기반암과 토사층 사이 경계면에서의 전단강도에 대해 설명하여 사면안정 등 암반층과 토사층이 교호하는 풍화대 지층에서의 전단강도 적용 방법을 설명하였다. 세 번째 주제인 『지반아칭』에서는 입상체 흙 입자로 조성된 지반에서 발달하는 지반아칭 현상에 대한 제반 사항을 설명하고 '지반아칭'현상 해석을 실시한 몇몇 사례를 설명하였다. 네 번째 주제인 『흙의 레오로지』에서는 '점탄성 지반'에 적용할 수 있는 레오로지 이론의 설명과 몇몇 적용 사례를 설명하였다. 끝으로 다섯 번째 주제인 『지반의 지역적 특성』에 대해 필자가 경험한 국내외 사례 현장을 중심으로 지반의 지역적 특성(lacality)에 대해 설명하였다. 토질별로는 삼면이 바다인 우리나라 해안에 조성된 해성점토의 특성, 내륙지반의 동결심도, 쓰레기매립지의 특성을 설명하고 몇몇 지역의 지역적 지반특성에 대해 설명하였다.

원래 지반공학 분야에서는 토질역학과 기초공학이 주축이다. 굳이 구분한다면 토질역학은 기초학문이고 기초공학은 응용 분야의 학문이라 할 수 있다. 만약 이런 구분이 가능하다면 토질역학 강좌를 먼저하고 기초공학 강좌를 나중에 실시하는 것이 순서이나 필자가 관심을 갖고 평생 연구한 분야가 기초공학 분야가 많다 보니 순서가 다소 바뀐 느낌이 든다.

그러나 중요한 것은 필자가 독자들에게 무엇을 먼저 빨리 전달하고 싶은가가 더 중요하다는 느낌이 들어 「말뚝공학편」 강좌와 「기초공학편」 강좌를 먼저 실시하고 「토질공학편」 강좌를 세 번째 강좌로 선택하게 되었다. 특히 첫 번째 강좌인 「말뚝공학편」의 주제인 『수평하중말뚝』, 『산사태억지말뚝』, 『흙막이말뚝』, 『성토지지말뚝』, 『연직하중말뚝』의 다섯 권의 내용은 필자가 연구한 내용이 주로 포함되어 있다.

두 번째 강좌까지 마치고 나니 피로감이 와서 올해 전반기에는 집필을 멈추고 동해안 양양의 처가댁 근처에서 휴식을 취하면서 에너지를 재충전하였다. 마침 전 세계적으로 '코로나19' 방역으로 우울한 시기를 지내고 있는 관계로 필자도 더불어 휴식을 취할 수 있었다. 사실 은퇴 후 집필에만 전념하다 보니 번아웃(burn out) 증상이 나타나기 시작하여 휴식이 절실히 필요한 시기임을 직감하였다. 이제 새롭게 에너지를 충전하여 힘차게 집필을 다시 시작하게 되니 기쁜 마음을 금할 수가 없다.

인생은 끝이 있는 유한한 존재이지만 그 사이 무엇을 선택할지는 우리가 정할 수 있다 하였다. 이 목적을 달성하기 위해 역시 휴식은 절대적으로 필요하다. 휴식은 분명 다음 일보 전진을 위한 필수불가결의 요소인 듯하다. 그래서 문 없는 벽은 무너진다 하였던 모양이다.

집필이란 모름지기 남에게 인정받기 위해 하는 게 아니다. 필자의 경우 지식과 경험의 활자화를 완성하여 후학들에게 전달하기 위해 스스로 정한 목적을 달성하도록 자신과의 투쟁으로 수행하는 고난의 작업이다.

셰익스피어는 "산은 올라가는 사람에게만 정복된다"라고 하였다. 나의 집필의욕이 사라지지 않는 한 기필코 산을 정복하겠다는 집념으로 정진하기를 다시 한번 스스로 다짐하는 바이다.

지금의 이 집필작업은 분명 후일 내가 알지 못하는 독자들에게 도움이 될 것이란 기대로 열심히 과거의 기억을 되살려 집필하고 있다. 지금도 집필 중에 후일 알지 못하는 어느 독자가 내가 지금까지 의도하거나 느낀 사항을 공감할 것이라 생각하고 그 장면을 연상해보면서 슬며시 기뻐하는 마음으로 혼자서 빙그레 웃고는 한다. 이 보람된 일에 동참해준 제자, 출판사 여러분들에게 감사의 뜻을 전하는 바이다.

2021년 8월 '홍원표 지반연구소'에서

저자 **홍원표**

『지반의 지역적 특성』
머리말

'홍원표의 지반공학 강좌'의 세 번째 강좌로「토질공학편」강좌를 시작하게 되었고 이 강좌의 다섯 번째 주제로『지반의 지역적 특성』을 선택하였다.「토질공학편」강좌에서는『토질역학특론』,『흙의 전단강도론』,『지반아칭』,『흙의 레오로지』의 네 가지 주제를 선택하였고 마지막 주제로『지반의 지역적 특성』을 선택하였다.

저자는『지반의 지역적 특성』을 집필하는 과정에서 크게 두 가지를 터득할 수 있었다. 첫번째는 사람에게 반드시 필요한 것은 '삼다의 법칙'이라 할 수 있다. '많이 읽고', '많이 생각하고', '많이 써라'라는 삼다의 법칙은 필자의 실제 경험으로 보아 아주 중요함을 느낄 수 있었다. 쓰는 것은 사고를 응축시켜주기 때문이다.

서적 집필 시 또 한 가지 터득한 사항은 '절대 무리를 하지 말 것'이다. 집필 과정에서 진척이 더딜 경우 종래는 서두르는 마음을 가졌으나 '느림의 법칙'에 대한 철학이 반드시 필요한 요소임을 알게 되었다. 특히 멀리 가려는 사람에게는 반드시 필요한 좌우명이다. 김형석 연세대 명예교수는 무리하지 않는 사람이 오래 산다고 하였다. 김형석 교수는 "나는 100을 할 수 있어도 90에서 멈춘다"라며 늘 여유를 두면서 살려고 노력한다고 하였다. 세계적인 건축가 '하라겐야도 인생에서 지력과 체력이 절정에 달하는 때는 65세 정도로 잡고 싶다고 하였다. 역시 '느림의 완성'은 조급한 상황에서는 절대 이룰 수 없는 경지이다. 김형석 교수도 돌이켜 보면 인생에서 가장 능률이 높았던 시기가 65세에서 75세 사이였다고 말했다. 나이가 들면 체력은 저하되지만 반대로 지식과 경륜은 쌓인다. 무언가를 만드는 사람에게 가장 중요한 것은 '체력'이다. 하라겐야는 행복은 '하고 싶은 일이 있는 상태'라고 하였다. 저자에게도 지금의 집필은 나를 행복하게 해주는 유일한 일임이 틀림없다.

저자는 『지반의 지역적 특성』에서 우리나라 지반을 구성하고 있는 지반을 점성토지반과 사질토지반으로 구분하여 이들 지반을 대상으로 먼저 『토질역학특론』과 『흙의 전단강도론』을 주제로 설명하였다. 그런 다음 주제로 『지반아칭』, 『흙의 레오로지』를 선택하였는데 이들 서적도 점성토지반과 사질토지반을 대상으로 염두에 두고 있다. 즉, 『지반아칭』에서는 사질토지반을 대상으로 한 입상체역학을 취급하고 『흙의 레오로지』에서는 점성토지반을 대상으로 한 점성유동역학을 취급하였다.

지반의 지역적 특성이란 'local soil'로 특정 지역의 지반특성을 의미하는 것이다. 점성토지반은 우리나라 서·남해안 지역에 분포한 해성점토의 특성을 규명하였고 내륙지반에 분포한 사질토지반에 대해서는 그 특성을 규명한다. 그 밖에도 점토와 모래 이외의 우리나라 지반이라면 암반을 들 수 있다.

『지반의 지역적 특성』은 전체가 6장으로 구성되어 있다. 우선 제1장에서는 서·남해안지역에 많이 분포하는 해성점토의 역학적 및 물리적 특성을 설명하였다. 해성점토지반의 지질학적 특성과 물리적 특성뿐만 아니라 투수성, 전단특성 및 압축성에 대한 기본지식을 정리·설명하였다. 다음으로 제2장에서는 모래지반의 특성을 간결하게 검토하였다. 특히 제2장에서는 제주도지역 모래의 특성을 검토하였다. 그 밖에도 세립분이 많이 함유되어 있는 점토질모래지반(SC)의 침하량을 어떻게 산정할 것인가에 자세한 설명을 첨가하였다. 점토질모래지반은 모래지반으로 취급하느냐 점성토지반으로 취급하느냐에 따라 산정된 침하량의 차이가 크게 발생한다. 이에 대한 검토가 필요한 부분이다. 또한 우리나라와 같은 계절적 동결지반이 있는 내륙지반에서는 도로 설계 시 동결심도가 중요한 설계요소이다. 제4장에서는 현쟈 현장시험으로 가장 많이 사용되는 표준관입시험에 대하여 설명하고 있다.

우리나라에서 제3의 지반으로 취급될 수 있는 암반지반의 경우 암발파의 진동상수가 터널 등의 설계 시 가장 중요한 설계요소가 된다. 이에 제5장에서는 암발파의 진동상수에 대하여 설명한다. 끝으로 현대 사회문제로까지 거론되는 폐기물 매립지반의 역학적 및 물리적 특성을 설명하고 여러 가지 방법으로 예측된 매립지의 장기침하량을 산정·비교한다.

본 서적을 집필하는 데 필자의 대학원생이었던 다수의 제자들의 석사학위논문이 도움이 되었음을 밝혀두고 싶다. 특히 제1장 서·남해안의 해성점토지반 특성에 대해서는 1992년과 1993년 대학원 제자였던 허정 군과 이양상 군의 석사학위논문을 인용하였다. 즉, 제1장에서 영종도지역 해성점토의 특성에 대해서는 심재상(2000) 군의 논문을, 안산지역 해성점토의 특성에 대해서는 故김재홍 군의 석사학위논문(2002)이 인용되었다. 광양지역과 부산지역 해성점토의 특성에 대해서는 이근하 군(1996), 송병관 군(2005), 송은수 군(2004)의 석사학위 논문을 인용하였다. 해성점토의 장래침하량에 대해서는 허남태 군(2010), 김태훈 군(2014), 권덕회 군(2014)의 석사학위논문을 인용하였다.

제2장에서 제주도모래에 대해서는 제주대학교의 조성한 군(2007)의 석사학위논문을 인용하였고, 점토질모래지반의 침하량에 대해서는 부상필 군(2012)의 석사학위논문을 인용하였다. 내륙지역지반의 동결심도는 김명환 군(1986)과 장정기 군(1994)의 석사학위논문을 인용하였으며, 제4장 표준관입시험에 대해서는 손원표 군(1989)과 방효탁 군(1989)의 석사학위논문을 인용하였다. 제5장 암발파의 진동상수에 대해서는 엄영진 군(1994)의 석사학위논문을 인용하였고, 끝으로 제6장 쓰레기매립장의 지반공학 특성에 대해서는 황성덕 군(2000)과 이경두 군((2004)의 석사학위논문을 인용하였다. 이상의 대학원 제자들의 석사 과정 중의 연구기여에 감사의 뜻을 표하는 바이다.

끝으로 본 서적이 세상의 빛을 볼 수 있게 된 데는 도서출판 씨아이알의 김성배 사장의 도움이 가장 컸다. 이에 고마운 마음을 여기에 표하는 바이다. 그 밖에도 도서출판 씨아이알의 박영지 편집장의 친절하고 꼼꼼한 도움은 무엇보다 큰 힘이 되었기에 깊이 감사드리는 바이다.

2022년 12월 '홍원표지반연구소'에서

저자 **홍원표**

목 차

Chapter 01 해성점토지반의 특성

Chapter 02 특수 모래지반의 역학적 특성

Chapter 03 내륙지역지반의 동결심도

Chapter

01

해성점토지반의 특성

해성점토지반의 특성

삼면이 바다로 둘러 싸여 있는 우리나라는 여러 가지 목적으로 해안을 매립하여 토지를 확보하고 있다. 특히 서해안과 남해안에서는 대규모 해안매립공사를 통하여 공단이나 주택단지의 부지를 조성하고 있는 실정이다. 이와 같이 조성된 부지에 토목 및 건축 구조물을 축조할 경우 지반의 제반 특성을 파악해야 안전한 설계를 할 수 있으며, 구조물 축조 후의 거동을 올바르게 예측할 수 있을 것이다.[22,23,27]

서해안과 남해안의 해안에는 대부분 두꺼운 층의 해성점토가 존재하고 있어 이 해성점토의 토질특성을 파악하는 것도 기존 구조물이나 흙 구조물의 설계 및 시공에 절대적으로 필요하다.

현재 우리나라에서는 이러한 구조물의 설계 시에 우리나라 해성점토의 특성을 충분히 파악하지 못한 관계로 외국의 연구를 이용하거나 경험에 의거하여 해성점토지반의 지반특성을 추정하고 있는 실정이다.

제1장에서는 먼저 우리나라의 서·남해안 해성점토지반의 역학적 특성을 파악하고자 한다. 우선 대표적인 서·남해안 지역으로 화옹지역, 홍보지역, 강진지역, 고흥지역, 김해지역의 다섯 곳을 대표적으로 선정하여 우리나라 해성점토의 특성을 분석한다.[15,21] 그리고 영종도지역,[12] 안산지역,[4] 광양지역,[10,14] 부산지역[11]의 네 곳의 해성점토에 대해서는 별도로 지세히 분석하도록 한다. 제1장의 마지막에서는 우리나라에서 해안매립을 많이 실시하는 우리나라의 서·남해안 해성점토지반지역에서의 장래침하량 예측 방법 및 예측 사례에 대한 사항을 정리해보도록 한다.[1,3,20,28]

다음으로 제2장에서는 모래지반을 대상으로 해안모래의 지역적 특성을 알아본다.[19] 특히

2차 압밀량이 많은 제주지역 해안모래지반의 특성을 자세히 알아본다. 다음으로 우리나라에 많이 분포되어 있는 점토질 모래(SC)지반의 침하량 산정법을 정리한다.[6] 점토질 모래지반은 점토로 취급하느냐 모래로 취급하느냐에 따라 지반침하량이 극심하게 차이가 있다. 따라서 이 경우 어떻게 취급해야 하느냐에 대해 고찰해본다.

그 밖에도 우리나라에서 관측된 동결심도,[2,18,24,25] 표준관입시험치,[5,9] 암발파 진동상수[17]에 대하여 지역적 특성을 고려하여 정리한다. 마지막으로 최근 점차 늘어나는 쓰레기매립지의 지반공학적 특성을 정리한다.[13,26]

1.1 서·남해안 해성점토의 특성

1.1.1 조사지역

조사지역은 경기도, 충청남도, 전라남도 및 경상남도의 서해안과 남해안 지역으로 4도 5개 지역으로 분류하였으며,[15,21] 지역별 해성점토(CL, CH)의 특성을 파악하기 위해 물성시험 및 역학시험을 실시하여 토질 정수에 대한 분석을 실시하였다. 이들 지역은 그림 1.1에 도시한 바와 같이 화옹지역, 홍보지역, 강진지역, 고흥지역, 김해지역의 다섯 지역이다.[15,21]

그림 1.1 조사지역

(1) 화옹지역

화성군 양정면과 옹진군 대장면, 영흥면의 해안지역으로 해안선의 굴곡이 심하고 조석차가 크므로 대규모 간척사업이 활발히 진행되고 있는 지역이다. 기반암은 지질학적으로 화성암류인 대보화강암, 불국사 화강암, 현무암류와 변성암류인 경기기저변성암 복합체 등이 분포하는 복잡한 지층분포지역으로 다양한 충적점토층을 형성하고 있다.

(2) 홍보지역

충청남도 홍성군과 보령군에 위치하고 서해안에 둘러싸인 천수만(淺水灣)으로 기반암은 지질학적으로 선캄브리아기의 편마암류와 백악기에 관입된 화성암류로서 편마상화강암, 퇴적암, 변성암인 경기기저변성암 복합체 등이 분포하는 지역이다

(3) 강진지역

전라남도 강진군의 칠랑면, 도암면에 위치한 도암만(道岩灣)으로 기반암을 지질학적으로, 쥐라기의 흑운모화강암과 편마암류인 화강암질 편마암, 퇴적암 및 소백산변성암 복합체 등으로 이루어져 있으며 조석차가 작아 연약한 충적점토층을 형성하고 있다.

(4) 고흥지역

고흥군 포두면에 위치한 해창만(海倉灣)으로 지형은 얇은 구릉지이며, 기반암은 지질학적으로 퇴적암류인 신동층군과 변성암등이 지질분포를 형성하고 있다. 더욱이 남해안은 조석차가 작아 연약한 충적점토를 형성하고 있다.

(5) 김해지역

김해군 지역으로 낙동강이 남해로 유입되어 김해평야 등의 넓은 곡창지대를 이루고 있다. 기반암은 지질학적으로 경상계통에 속하는 퇴적암과 이를 관입한 반심성암류, 화산분출암 및 화강암류 등으로 구성되어 있으며 중력작용에 의해 퇴적되었다고 추정되는 자갈 및 전석층이 풍화암층 위에 놓이고 조석차가 작아 연약한 충적점토층이 그 위를 형성하고 있다.

1.1.2 시험 결과

이용된 자료는 우리나라 경기도, 충청남도, 전라남도의 서·남해안지역에서 수동식 더치콘(dutch cone)을 사용해 채취된 불교란시료 각 20점씩 100점의 토질시험 결과치로 하였다. 지역별 토질의 평균적 물리적 특성은 표 1.1과 같다. 이 표에서 보는 바와 같이 서해안은 점토의 함유율이 16~52%이고, 모래의 함유율은 0.2~32%이다. 또한 자연함수비는 31~60%, 소성지수는 4.7~30 정도로 비교적 낮으며, 점성이 낮고 소성이 작은 무기질 점토로서 통일분류법에 의한 토질분류는 CL에 속한다.

표 1.1 지역별 토질의 물리적 특성(평균치)[15,21]

| 지역 | 점토 (C) | 실트 (M) | 모래 (S) | consistency(%) | | | 함수비 (W_n) | 단위중량 (γ_t) | 비중 (G_s) | 콘지수 (q_0) |
				LL	PL	PI				
화웅지역 (CL)	28.7	64.7	6.6	35	22	13	36.3	1.8	2.67	4~10
홍보지역 (CL)	37.2	60.8	2	40	20	20	45.4	1.78	2.68	1~8
강진지역 (CL,CH)	33	45	22	52	23	29	50	1.7	2.69	2~8
고흥지역 (CL,CH)	47.8	50.2	2	52	24	28	62	1.62	2.7	2~5
김해지역 (CH)	50	48	2	60	20	40	65	1.55	2.67	2~10

반면에 남해안은 강진지역에 일부 시료가 모래의 혼입률이 높아 소성지수가 낮게 나타났지만 그 밖의 지역은 점토함유율이 28~60%, 모래 0.5~7.8%이다. 모래의 혼입률이 낮고 자연함수비 53~60%, 소성지수 20~60%로 커서 점성이 많고 소성이 큰 무기질점토로 통일분류법에 의한 토질분류는 CH가 많고 CL은 고흥, 강진에 얼마간 분포되어 있다. 특히 김해지역은 그중에서도 가장 소성지수가 커서 대부분이 30을 상회하는 소성지수를 보이고 있는 것이 특징이다.

1.1.3 강도증가율

(1) 지역별 강도증가율

압밀비배수삼축시험에 의해 강도증가율 c_u/p' 을 구하는 경우에는 실제 지반에 대한 압밀조건에 맞추기 위해 연직방향의 변위만을 허용하는 비등방(K_0)압밀을 실시하여 강도증가율을 구해야 한다. 그러나 작업과정이 번거롭고 시간이 많이 소요될 뿐만 아니라 전단저항각은 압밀 방법에 크게 영향을 받지 않는다는 연구 결과 때문에 등방압밀시험을 대부분 사용하고 있다.

여기서 적용한 시험은 비압밀비배수 삼축압축시험(UU 시험)의 결과이며 이로부터 구한 비배수전단강도를 유효상재하중 p' 로 나눈 강도증가율을 지역별로 나타낸 결과는 표 1.2와 같다.

표 1.2 지역별 강도증가율의 범위[15,21]

강도증가율	0.1	0.2	0.3	0.4	0.5	0.6	0.7	0.8
화옹지역				●———————————————●				
홍보지역					●——————————————●			
강진지역			●——————————————————●					
고흥지역			●————————————●					
김해지역			●——————————————————●					

이 표에서 서해안의 화옹지역과 홍보지역은 IP값이 4~30% 이내의 비교적 저소성 점토지역이다. 강도증가율은 비교적 높은 값인 0.42~0.82의 값을 보이고 있으나 남해안 김해지구는 30~60%의 고소성 점토지역으로서 강도증가율은 0.2~0.7로 넓은 분포의 값을 나타내고 있다. 홍보지역은 대부분 지표로부터의 조사심도가 0.2~5m로 낮아 태양열 및 바람 등의 영향을 받게 되어 지표부근의 점토강도가 증가하는 데시캐이션(desiccation) 현상으로 인해 과압밀되었기 때문에 강도증가율이 0.5~0.8 등과 같이 높게 나타난 것으로 사료된다.

Karlsson & Viberg[35]가 스웨덴 점토에 대하여 실시한 시험 결과 액성한계와의 관계에 대해 제시된 $c_u/p' = 0.004\,W_L\,(W_L > 40\%)$로부터 구한 우리나라 서·남해안의 강도증가율은 최대 액성한계 $W_L = 80$일 때 0.32인데, 액성한계가 작아지면 소성지수도 작아지므로 우리나라의 강도증가율보다는 스웨덴점토의 강도증가율이 작음을 알 수 있다.

물론 이번 연구자료로 삼축압축시험에 의한 강도정수산출이 기타의 방법보다 과대하게 나타나는 것을 감안하더라도 0.7~0.8에 가까운 것은 과압밀을 받았거나 대체로 조개껍데기 등 조립토의 함유량이 많음에 기인하는 것으로 추정된다.

(2) 소성지수와 강도증가율의 관계

점토의 아터버그한계시험은 간단하면서도 중요한 토질정수를 제공하므로 빼놓을 수 없는 시험 방법이다. 여기서 얻은 소성지수를 이용함으로써 여타시험 및 계산을 하지 않고 강도증가율을 얻는 것은 매우 유리하므로 외국에서는 오래전부터 이에 대한 관계식을 얻기 위해 여러 가지 방법을 시도하였다. 여기서도 소성지수를 이용해 강도증가율을 얻을 수 있는 관계식을 찾고자 하였던바, 소성지수 60% 이내의 범위의 경우 강도증가율은 $1.0 \sim 0.0092 I_p$에서 $0.5 \sim 0.0092 I_p$의 범위로서 나타났으며 평균값은 $c_u/p' = 0.75 - 0.0092 I_p$로 조사되었다.

그림 1.2는 본 연구 결과와 여러 연구자들의 현장시험 또는 실내시험에서 얻은 결과를 종합하여 도시한 그림이다.

Bjerrum은 노르웨이의 해성점토에 대하여 베인시험 결과로 강도증가율을 구하였고, Skempton에 의한 관계식은 $c_u/p' = 0.11 - 0.0037 Ip$로서 이 식과 비슷한 값을 도시하고 있는 데 반해 Simons가 북유럽 점토에 대한 $\phi' - I_p$ 관계를 조사하여 삼축압축시험에 의한 $c_u/p' - I_p$의 관계에서 얻은 것을 그림 1.2 속에 사선으로 표시하였다. 이 그림에서 보듯이 강도증가율의 경향은 크게 두 가지 종류로 나뉘는데, 하나는 소성지수가 커지면서 강도증가율이 작아지는 경우고 다른 하나는 그 반대현상을 갖는 경우이다. 즉, Bjerrum & Skempton 관계식의 종류들과 삼축압축시험 결과의 종류들 간에 상반된 차이는 지역에 따른 토질의 특성 차이가 이유일 수도 있다. 하지만 압밀하중이 가해지는 속도가 현장지반과 실험실 시료 양자 간에 큰 차이를 보이고 그 때문에 콜로이드 성분이 없고 소성이 작은 흙은 같은 압력하에서 상당히 다른 구조와 밀도를 갖는 것으로 되기 때문으로 사료된다.[30]

우리나라에 대한 시험사례를 살펴보면 광양제철소의 지반개량을 위한 토질조사시험에서

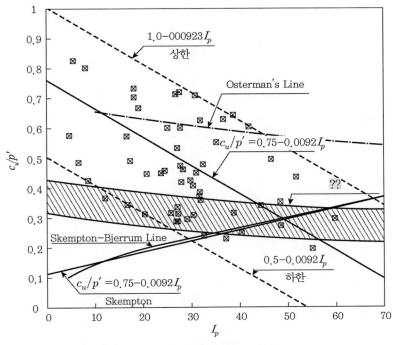

그림 1.2 소성지수와 강도증가율의 관계[15,21]

점성토의 강도증가율은 일축압축강도에 의한 추정값으로 0.286을 구하였고 Skempton의 공식에서 0.249를 얻었는데, 이 값은 소성지수 30~45% 범위로서 연약하고 아주 예민한 점토의 시험 결과에 대한 값이다.

또한 이윤우(1984)[16]는 낙동강 하구지역의 실트질 자연시료에 대한 시험에서 c_u/p'은 0.34~0.48 사이로써 동남임해지역의 실트질 흙이 일본이나 유럽보다 강도증가율이 크다고 보고하였다.

이와 같은 본 시험 결과의 일부 높은 강도증가율에 대한 원인으로서, 전 절에서도 기술한 바와 같이 조사 대상 지역이 간척사업용 방조제 건설을 위한 해안가로서 간만의 차가 많은 지역으로 해성점토가 해수에 퇴적되면서 느슨한 구조로 인해 간극압계수 A_f가 크게 되고 강도증가율이 크게 된 것과 조립토의 다량 함유, 데시캐이션 현상 등이 원인이라 사료된다.

(3) 과압밀비와 강도증가율의 관계

내부마찰각 $\phi < 4°$인 비압밀비배수 삼축시험자료 중 $e - \log p$ 곡선에서 구한 과압밀비(OCR)

는 유효상재하중(p_0)에 대한 선행하중(p_c)으로 정의된다. 일반적으로 오랫동안 퇴적되어 형성된 점토층은 정규압밀상태에 있으나 지표면 부근은 풍화로 인하여 과압밀상태를 나타낸다.

각 지역의 시험 결과 중 자료모집이 가능한 23개소에 대하여 분석하였는바, 서해안의 OCR은 1.0~4.4. 남해안 0.54~2.94의 값을 보이고 있으며, 이를 c_u/p' $-$OCR의 관계로 도시하면 그림 1.3과 같다. 이 결과에서 나타난 $c_u/p' = 0.36(OCR)^{0.63}$은 일본의 여러 지역에 대한 해성점토로부터 구한 $c_u/p' = 0.36(OCR)^{0.71}$과 비슷한 값을 나타내고 있다.[38,39]

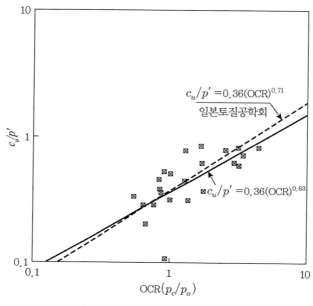

그림 1.3 과압밀비와 강도증가율의 관계

이로써 강도증가율은 원지반의 과압밀비와 함께 증가하는 경향이 있음을 보여주고 있다. 그림에서 보듯이 정규압밀지반(OCR=1)에서는 두 식의 p_0/p_c항이 1로 되어 강도증가율은 0.36이 되는데, 일본에서 얻은 이 식의 시험대상토에 대한 정규압밀지반의 일축압축시험에서 얻은 강도증가율 평균치는 0.27이 되어 마찬가지로 강도증가율 0.36과의 비율은 1.3:1 정도라고 하였다. 이 사실은 삼축압축시험에 의한 시험이 일축압축시험보다 또는 현장베인시험보다도 큰 값을 나타내어 지반의 강도를 과대평가한다고 하는 좋은 예이다.

정규압밀점토라 하여도 퇴적된 후 오랜 시일이 지난 점토는 압밀시험에 의한 선행압밀응력 p_c와 현재의 유효상재압력 p_0의 비 p_c/p_0가 1보다 크게 되어 '에이지드(aged)' 정규압밀점토로 된다. 이 p_c/p_0는 2차 압밀의 크기에 비례해서 증가되고 2차 압밀은 소성지수 I_p의 증가에 따라 p_c/p_0가 증가된다. 이 비는 I_p가 낮은 점토에서는 약 1.2이고 I_p가 높은 점토에서는 약 1.8~2.0 정도이다. 이러한 에이지드 정규압밀점토는 p_c/p_0의 증가에 따라 클수록 간극압계수 A_f는 감소되며 이로 인해서 c_u/p'은 증가하게 된다.

1.1.4 초기탄성계수와 변형계수

이 절에서는 삼축시험 결과로부터 초기탄성계수를 구하여 우리나라 서해안과 남해안 해성점토의 변형 특성을 조사한다. 초기탄성계수는 Kondner가 개발한 흙의 응력 – 변형의 쌍곡선(hyperbolic) 모델에 의하여 결정한다.[35] 또한 이와 같이 구한 초기탄성계수와 토질특성과의 상관관계를 정리하면 다음과 같다.

(1) 초기탄성계수 결정법

Kondner는 점토 및 모래의 비선형 응력 – 변형거동을 쌍곡선으로 근사시킬 수 있음을 제시하였다.[35] 또한 Duncan & Chang은 이 모델을 발전시켜 유한요소해석법에 의한 지반변형에 활용한 바 있다. 그 이후에도 Duncan & Chang의 모델은 사용하기가 비교적 편리한 관계로 지반공학 분야의 유한요소해석법에 종종 사용하고 있다.[32]

Kondner가 제안한 공식은 주응력 편차 $(\sigma_1 - \sigma_3)$항을 식 (1.1)과 같이 $(\sigma_1' - \sigma_3')$항으로 표현하였다.

$$\sigma_1 - \sigma_3 = \sigma_1' - \sigma_3' \tag{1.1}$$

여기서, σ_1, σ_3 = 전응력 최대·최소주응력

σ_1', σ_3' = 유효응력 최대·최소주응력

그림 1.4는 2차원 응력 – 변형률 공간상에서 좌표의 원점을 지나고 식 (1.2)로 표현되는 두 개의 점근선을 가지는 정방형 쌍곡선이다.

$$\epsilon + \alpha = 0 \tag{1.2}$$
$$\sigma - \beta = 0$$

여기서, σ = 축차응력($\sigma_1 - \sigma_3$)

       ϵ = 축변형률

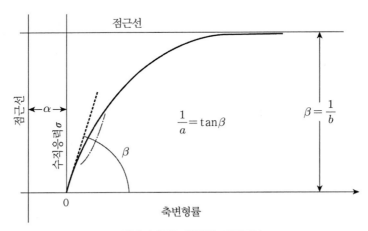

그림 1.4 응력 - 변형률 거동곡선

쌍곡선식은 다음과 같이 쓸 수 있다.

$$\epsilon\sigma - \beta\epsilon + \alpha\sigma = 0 \tag{1.3}$$

ϵ을 σ로 나눈 값을 K라 놓고 식 (1.3)을 σ로 나누면 식 (1.5)가 구해진다.

$$K = \epsilon/\sigma \tag{1.4}$$
$$\epsilon - \beta K + \alpha = 0 \tag{1.5}$$

식 (1.5)는 K가 ϵ의 함수로 표시된다면 직선식이 된다. 이 직선식은 그림 1.4의 쌍곡선의 수직점근선($-\alpha$, 0)에서 변형률축과 교차하는 선이다. 이 식의 기울기의 역수($d\epsilon/dK$)는 수평 접근선의 높이 β값이 된다.

식 (1.5)를 σ로 나누고 정리하면 다음과 같다.

$$\epsilon/\sigma = a + b\epsilon \qquad (1.6)$$

여기서, $a = \alpha/\beta$
$\qquad b = 1/\beta$

그림 1.5는 식 (1.6)을 α/β와 ϵ의 선형식 형태로 나타낸 결과이다. 식 (1.6)을 응력의 항으로 정리하면 식 (1.7)과 같다.

$$\sigma = \epsilon/(a + b\epsilon) \qquad (1.7)$$

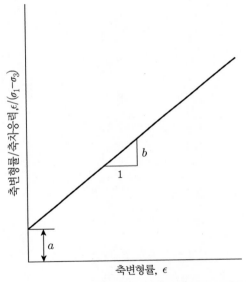

그림 1.5 α/β와 ϵ의 선형식 형태로 나타낸 응력 - 변형률 거동직선

식 (1.7)에서 변형률 ϵ을 무한대로 놓고 응력의 극한값을 구하면 식 (1.8)과 같이 된다.

$$\sigma_{ult} = \lim\sigma = 1/b \qquad (1.8)$$

즉, 극한강도 σ_{ult}는 그림 1.5에 도시된 직선기울기의 역수에 해당한다.

한편 식 (1.7)의 미계수를 $\epsilon=0$에 대하여 정리하면 식 (1.9)와 같이 된다.

$$\left[\frac{d\sigma}{d\epsilon}\right]_{\epsilon=0} = (1/a) \tag{1.9}$$

그림 1.5의 ϵ/σ도의 종축과 직선의 교점 a의 역수는 초기탄성계수값에 해당한다. 따라서 축차응력 개념에서 분석된 쌍곡선 형태의 응력−변형률 형태는 식 (1.7)로부터 식 (1.10)과 같이 된다.

$$(\sigma_1 - \sigma_3) = \epsilon/(a+b\epsilon) \tag{1.10}$$

식 (1.10)을 선형방정식으로 바꿔 쓰면 식 (1.11)과 같다.

$$\epsilon/(\sigma_1 - \sigma_3) = (a+b\epsilon) \tag{1.11}$$

Janbu는 초기탄성계수와 구속압 간의 관계를 식 (1.12)와 같이 나타냈다.[33]

$$E_i = KP_a(\sigma_3/P_a)^n \tag{1.12}$$

여기서, E_i = 초기탄성계수

P_a = 대기압

K = 계수

n = 지수(토질특성에 따라 변함)

K와 n은 양대수지에 삼축시험 결과로 구한다.

그림 1.6은 K와 n을 구한 두 사례를 도시한 그림이다. 즉, 삼축시험 결과를 활용하여 σ_3와 E_i의 관계를 도시하면 그림 1.6과 같이 된다. 즉, 이 그림에서 회귀분석에 의하여 구한 직선의

기울기와 종축의 좌표로 n과 K를 구한다. 삼축시험 결과 얻은 직선의 기울기로 n을 구하고 $\sigma_3 = 1$일 때의 종축의 E_i값으로 K를 구한다.

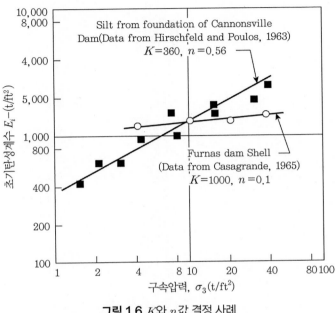

그림 1.6 K와 n값 결정 사례

(2) 변형계수 결정법과 특성

통상 압축시험에서는 압축강도를 구하기 위한 응력－변형률 거동곡선이 얻어지는데, 이것은 지반의 변형성에 대한 유효한 정보이다. 또한 흙의 응력－변형률 거동곡선은 그 초기부분에서도 탄성적은 아니므로 엄밀하게는 탄성계수를 응력－변형률 곡선에서 구할 수는 없다.

그림 1.7의 응력－변형률 거동곡선에서 직선 OB의 기울기가 초기탄성계수(E_i)라 하고 직선 OA가 변형계수라 하는 2차 탄성계수이다. 이 변형계수(deformation modulus)는 응력 최대치의 1/2이 되는 점과 원점을 연결하는 선의 기울기로서 이것은 흙이 탄성체가 아니므로 탄성계수라는 말 대신에 변형계수라는 표현을 하는 것으로 E_{50} 또는 E_s로 표시한다. Wu(1966)는 변형계수 E_s를 삼축시험에 의한 응력－변형률 거동곡선에서 1%의 변형률에 대응하는 점과 원점을 잇는 직선의 기울기로 정의하였다.[31]

초기탄성계수 E_i를 결정하는 방법에 대하여 이미 앞에서 설명하였다. 그러나 토질역학에서 쓰이는 변형계수는 초기탄성계수 E_i를 사용하기보다는 변형계수 E_s를 더 많이 사용한다. 이 책에서는 변형계수를 응력−변형률 거동곡선에서 $\sigma_{max}/2$되는 점과 원점을 연결한 기울기의 값으로 변형계수를 정의한다. 반면에 초기탄성계수는 이미 앞에서 설명한 허정[21]의 연구자료를 인용하였다.

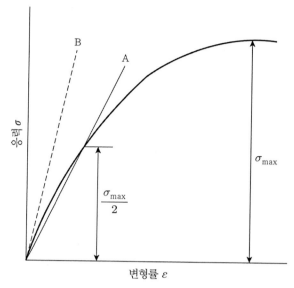

그림 1.7 초기탄성계수와 변형계수의 비교

현재 일반적으로 사용하고 있는 토질별 변형계수 E_s의 대푯값은 표 1.3과 같다.[33] 그 밖에도 지반조사에서 용이하게 얻을 수 있는 현장시험치로부터 변형계수를 추정하여 사용하기도 한다. 예를 들어, 표준관입시험에 의한 N치나 콘관입시험에 의한 콘저항치 q_c로부터 변형계수 E_s를 경험적으로 추정하기 위해 표 1.4와 같이 제안·사용되기도 한다.[29]

표 1.3 여러 가지 흙에 대한 변형계수의 대푯값[33]

토질	상태	변형계수 E_s(kg/cm²)		
		최소	최대	평균
사질토	조밀한 느슨한	800 400	2,000 1,000	1,500 500
점성토	재하 시 하중 제거 시	- 10	- 500	100 50

또한 점토지반의 비배수전단강도로부터도 변형계수 E_s를 경험적으로 추정하기 위해 표 1.5와 같이 제안한 바 있다.[29]

표 1.4 여러 시험 방법에 의한 변형계수 E_s 추정에 대한 공식[29]

	표준관입시험(SPT)	콘관입시험(CPT)
모래	$E_s = 500(N+15)$ $E_s = 18,000 + 750N$ $E_s = (15,200 - 22,000)\ln N$	$E_s = 2 - 4q_c$ $E_s = 2(1 + D_r^2)q_c$
점성모래	$E_s = 320(N+15)$	$E_s = 3 - 6q_c$
실트질 모래	$E_s = 300(N+6)$	$E_s = 1 - 2q_c$
자갈 섞인 모래	$E_s = 1200(N+6)$	
연약점토		$E_s = 6 - 8q_c$

표 1.5 점토의 비배수전단강도로부터 추정된 변형계수 E_s 추정에 대한 공식[29]

점토	$I_p > 30$, 유기질	$E_s = 100 - 500c_u$
	$I_p < 30$	$E_s = 500 - 1500c_u$
	$1 < OCR < 2$	$E_s = 500 - 1200c_u$
	$OCR > 2$	$E_s = 1500 - 2000c_u$

(3) 지역별 초기탄성계수와 변형계수

삼축시험 결과 얻은 서·남해안 지역별 초기탄성계수(E_i)와 변형계수(E_s)는 표 1.6과 같고 이를 서해안과 남해안으로 둘로 구분하여 해안지역별로 정리하면 표 1.7과 같다.

표 1.7에서 보면 서해안은 변형계수가 2.2~29.5kg/cm²로서 평균 10kg/cm² 정도이고, 남해 안은 강진지역을 제외하고 0.4~30.0kg/cm²로서 평균 7.7kg/cm² 정도이다. 남해안의 경우 일부 값이 크게 되기는 하였으나 평균값이 낮게 나타났는데, 이는 남해안의 점토가 서해안보다 자 연함수비가 크고 조립토의 함유량이 많아 연약하기 때문인 것으로 사료된다.

표 1.7에 의하면 서해안은 14~1257.7kg/cm²이고 남해안은 6.7~1007.7kg/cm²으로, 남해안 이 서해안보다 작고 또한 구속압의 증가에 따라 그 크기가 당연히 커지는 것을 확인하였으나 변형계수는 남해안이 낮은 것을 확인할 수 있었을 뿐 5개 지역 모두 구속압 증가에 따른 상승 이 뚜렷하지 않았다. 이는 본 기울기값을 채택하는 방법이 어느 한 점에 대한 영향을 받을

수가 있으므로 시료에 따른 조립자의 혼입이나 시험 중 관찰자의 착오 등에도 원인을 찾을 수 있을 것이다. 초기탄성계수를 변형계수와 비교하면 평균적으로 5배 정도 큰 값을 나타내는데, 이는 Bowles가 발표한 3~5배의 범위와 일치한다.[29]

표 1.6 지역별 변형계수(E_s)와 초기탄성계수(E_i)[21]

지역별	구분	구속압력(kg/cm²)			
		0.5	1.0	1.5	2.0
화웅지역	E_s	2.2~12.3	3.4~29.5	4~24.8	5.3~16.2
	E_i	14~55	27~80	36~100	55~125
홍보지역	E_s	4.7~26.4	4.5~29.0	6.2~27.6	5.9~24.5
	E_i	19~50	25~67	28~67	34~100
강진지역	E_s	2.5~47.4	27.~41.3	2.8~58.4	1.9~72.6
	E_i	17~62.5	20~66.7	27~83.3	29~100
고흥지역	E_s	1.2~16.4	2.3~23.0	0.5~51.1	0.4~16.3
	E_i	10~34	12.5~50	29~58	16.7~100
김해지역	E_s	1.1~8.8	1.1~30.0	1.1~26.7	1.8~17.0
	E_i	5.3~37	7.1~40	6.7~37	10~66.7

표 1.7 해안별 변형계수(E_s)와 초기탄성계수(E_i)[21]

지역별	구분	구속압력(kg/cm²)			
		0.5	1.0	1.5	2.0
서해안지역	E_s	2.2~26.4	3.4~29.5	4~27.6	5.3~24.5
	E_i	14~55.1	25~80	28~100	34~125
남해안지역	E_s	1.1~47.4	1.1~41.3	0.5~58.4	0.4~72.6
	E_i	10~62.5	7.1~67.7	6.7~83.3	10~100

그림 1.8과 1.9는 해안별로 초기탄성계수와 변형계수의 비를 도시한 그림이다. 먼저 그림 1.8에서 보면 서해안의 경우 E_i/E_s비의 분포 폭은 변형계수가 10 이내일 때 3~14배까지이나 20 이상일 경우 1~3.5배로 $E_i/E_s = 21.26 \sim 12.54\log(E_s)$가 최대치로 나타났다.

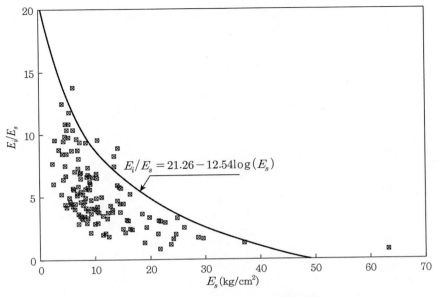

그림 1.8 서해안의 초기탄성계수와 변형계수의 비

한편 남해안의 경우는 그림 1.9에서 보듯이 E_i/E_s 비가 변형계수 10 이내일 때 1~18배이고, 20을 상회할 때 0.5~3배이므로 $E_i/E_s = 21.64 - 12.23\log(E_s)$ 가 최대치로 나타났다.

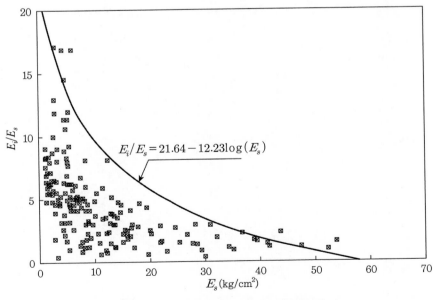

그림 1.9 남해안의 초기탄성계수와 변형계수의 비

따라서 $E_i/E_s = 21 - 12\log(E_s)$를 우리나라 초기탄성계수와 변형계수 비의 분포폭을 나타내는 관계식으로 볼 수 있다. 다시 말해 E_s가 작은 토질에서는 E_i/E_s 비의 변화폭이 크나 E_s가 큰 토질에서는 E_i/E_s비의 변화폭이 작아진다.

1.2 영종도지역 해성점토의 특성

1.2.1 대상 지역

본 지역은 행정구역상 인천광역시 중구에 해당하는 영종도, 용유도, 선불도 일대로서 주조사지역은 영종도와 용유도 사이의 해역 주변의 지역이다.[12] 본 지역의 산계는 대체적으로 그 발달이 미약하고 한반도 특유의 노년기 지층의 양상을 보이는 저구릉들이 각기 독립된 지형을 형성하고 있으며, 특히 저구릉에서는 계곡의 발달이 매우 미약하여 수계의 발달 역시 매우 미약한 편이다.

본 지역에는 해발 100~250m의 산들이 산재되어 있는데, 그 분포를 보면 영종도에는 백운산(255m), 금산(166.5m), 석화산(147.1m) 등이 있고 삼목도에는 143.5m 고지, 용유도에서 오성산(172m) 그리고 신불도에는 183.2m의 고지가 이에 해당된다. 또한 지역 일대의 해안선은 한반도 서해안의 특징인 리아스식 해안으로 굴곡이 심하며, 크고 작은 섬들이 산재되어 있다. 해상지역의 대부분은 간조 시 육상으로 노출되는 간석지로서 대체로 평평한 지역이다.

본 연구의 대상 지역은 인천국제공항이 시공되는 현장으로서 그림 1.10에 도시하였다. 본 현장의 공사는 A1에서 A12 및 배수 구조물, 6공구, 중수 처리시설, 건축 미장 및 부대시설, 여객터미널 마감, 제2활주로 및 유도로 포장 등으로 분류하여 시공되었으며 공사 기간은 1992년 2월부터 2000년 6월까지 계획되었다.

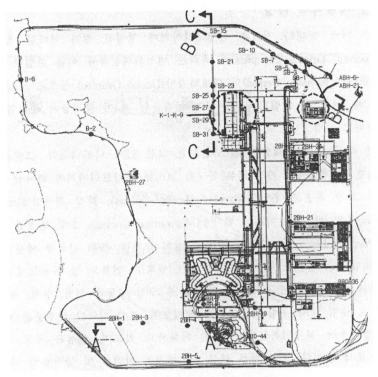

그림 1.10 영종도 지역 인천국제공항의 위치도

(1) 지질학적 특성

본 지역 일대의 지질도는 그림 1.11과 같다. 즉, 본 지역 일대의 지질은 선캄브리아기에 형성된 경기편마암 복합체에 속하는 변성퇴적암류와 이를 관입한 중생대 쥐라기의 대보화강암 등으로 구성되어 있으며, 해상 및 매립지에서는 상기 암류들을 충적층이 부정합으로 피복하고 있다.

본 지역에서 가장 넓은 분포를 보이는 선캄브리아기의 편마암 복합체는 호상 흑운모 편마암, 화강 편마암 및 미그마타이트질 편마암, 호상 변경질 편마암에 해당되는 영종도 북측(운서동 일대), 삼복도, 신불도 및 용유도에는 중생대의 대보화강암이 분포되어 있다. 주 구성 광물은 석영, 장석, 흑운모 등으로 중립 내지 조립질로 나타나고 있으며 토성은 주로 점토, 실트, 모래 등이다. 또한 일부 해상지역에서는 퇴적층 및 붕적층이 기반암을 덮고 있는데, 토성은 주로 실트 섞인 모레이며, 특히 본 지역의 암류들은 균열이 발달하고 암상의 차이로 인하여 풍화도가 일정치 않고, 풍화암 및 연암의 층후가 다소 불규칙한 상태로 나타나고 있다.

그림 1.11 대상 지역의 지질단면도

(2) 토질특성

연구 대상 지역의 지층은 상부로부터 해성퇴적층, 풍화잔류토층, 풍화암층 그리고 기반암인 연암으로 구성되어 있다.

① 해성퇴적층

신공항 부지에서 퇴적층의 분포심도는 10∼40m에 이르며 퇴적토립자는 주로 실트, 점토, 세사이고 최하부에서는 중간 내지 굵은 모래가 분포하기도 하는 특성을 보인다. 깊이에 따른 지반의 연경도 또는 상대밀도는 길이에 따라 증가하는 것이 아니라 연경의 변화가 매우 심한데 그 이유는 퇴적 당시의 자연 조건의 영향 때문이었을 것으로 생각된다.

전반적인 퇴적층의 분포는 북측에서 남측으로 퇴적 두께가 두꺼워지는 분포를 보인다. (물론 신공항 계획 부지 중앙부에서는 종방향으로는 북측의 퇴적 두께도 두껍게 나타나지만 본 조사 대상 지역인 1, 2단계 공항 예정 부지에서는 북측에 비해 남측의 퇴적층이 두껍다.) 또한 북측과 남측의 지층 분포도 다소의 차이를 보인다. 남측의 경우 주로 실트와 점토가 두껍게 분포하고 있지만 북측의 경우는 세사의 분포가 우세하게 나타나고 있다. 이와 같은 모든 특성은 매우 서서히 변화하는 양상을 보이며 북측은 비교적 양호한 지층 상태를 보이고 있다. 그러나 이는 전반적인 퇴적지반의 분포 특성이지 북측 공항 부지의 상부 지반 상태가 매우 양호하다는 것은 아니다. 또한 특이한 차이점은 북측은 깊이에 따라 지반의 상대밀도는 점차 조밀하거나 단단해지는 데 비하여 남측의 경우는 일정한 경향을 보이는 것이 아니라 매우 복잡하게 변화하고 있다. 이상과 같은 전반적인 지층분포현황에서 보다 세밀하게 깊이에 따른 토성의 변화나 연경도의 변화, 지층의 색 등으로부터 퇴적층의 층후를 구분해보면 상부 해성층, 상부 퇴적층, 하부 해성층, 하부 퇴적층이라는 4개의 층으로 구분할 수 있다. 이들 각 층은 서로 다른 역학적 특성을 보이는데, 현장 조사에서 구분할 수 있었던 것은 지층의 색의 차이가 있었다는 것이다. 즉, 해성층과 충적층의 차이는 암회색과 황갈색계의 차이로부터 층을 구분할 수 있다. 물론 토립자의 크기도 판단할 수 있는 기준이 되기도 한다.

상부 해성층은 해저에서 조류의 작용으로 퇴적된 층인데 토성은 CL 또는 ML이 아주 얇게 반복되는 특성을 보인다. 분포 두께는 퇴적층 상부의 5~10m 정도인 것으로 판단되는데, 지역에 따라서는 보다 깊게 분포하는 지역도 있다.

또한 연경도 개념에서는 본 퇴적층의 최상부 약 3m 정도는 매우 연약한 상태이나 그 하부는 상부 퇴적층까지 점차 단단한 상태로 변화하는 경향을 보인다. 특히 압밀시험 결과로 볼 때 최상부층을 제외하고는 비교적 과압밀된 특성을 보이고 있다.

상부 퇴적층의 토성은 상부 해성층과 같이 CL 또는 ML로 분류되는데, 액성한계는 상부 해성층에 비해 다소 높으며 자연함수비는 낮다. 본 지층은 상부 해성층과 색으로 명확히 구분되는데, 황갈색을 보이기 때문에 해성퇴적이 아닌 퇴적층으로 생각된다. 현장조사 결과나 채취된 시료의 상태로 볼 때 매우 단단하거나 또는 굳은 상태이다. 이 지층의 분포는 공항 부지 남쪽(특히 활주로 남측)에서 5~7m 정도의 두께로 분포하나 북측으로 갈수록 점차 두꺼워지는 경향을 보이는데, 토성도 CL에서 SM으로 변화를 보인다.

그 하부의 하부 퇴적층은 진회색의 실트 또는 점토인데, 하부로 갈수록 세사가 우세하다.

이 지층은 상부 퇴적층의 영향 탓인지 비교적 단단한 연경도를 보이는데, 상부 퇴적층보다는 강도가 낮고 함수비가 높은 상태이나 하부로 갈수록 상부 퇴적층에 비해 굳은 지층으로 변화한다. 그러나 하부 해성층은 상부 해성층이나 상부 퇴적층에 비해 지층이 매우 복잡해서 명확한 토층의 구분이 어려우며, 전반적으로는 견고하다고 할 수 있다. 또한 이 지층은 남측에서 두껍게 발달하고 있으나 북측으로 갈수록 상부 퇴적층이 두꺼워지면서 상대적으로 하부 퇴적층은 얇아지는 경향을 보인다. 또한 하부 해성층 아래에는 구 하상이라고 생각되는 하부 퇴적층이 발견된다. 이 층은 주로 남측에 잘 발달되어 있는데, 분포 깊이는 남측에서 G.L. 아래 20~25m에서 북측에서는 15~20m에서 발견되고 있지만 북측에서는 이 지층이 발견되지 않는 지역도 있다. 토성은 주로 실트 섞인 모래로 분류되나 비교적 조립의 모래를 다량 함유하고 있으며, 4mm 이상의 자갈을 함유하고 있어서 실트 섞인 자갈 또는 실트와 모래 섞인 자갈로 분류되기도 한다.

② 풍화잔류토 및 풍화암

기반암의 최상부에 완전히 풍화된 암으로 암으로서의 역학적 특성을 완전히 상실한 풍화잔류토는 표준관입시험 시 타격에너지에 의해 황갈색의 실트 섞인 모래로 분해된다. 풍화잔류토의 분포깊이는 지표면 아래 10m 깊이에서 깊은 곳은 35m에 달하는데, 매우 조밀한 상대밀도를 보인다. 실제 현장에서는 시추조사 시 흙 입자로 분해되므로 풍화암과 구분이 불명확하지만 표준관입시험 결과로 풍화암과 구분하였다(N치가 50/15 이하인 경우는 풍화암으로 분류하였다).

풍화잔류토로 분류되는 층의 두께는 3~4m이나 지역에 따라서는 3m 미만 또는 5m인 경우도 있다. 풍화잔류토 아래의 풍화암은 심하게 풍화된 상태로 암의 조직과 형태는 보존하고 있으나 표준관입시험 시 타격에너지에 의해 암편 또는 황갈색의 실트 섞인 모래로 분해된다. 또한 풍화암의 두께는 확인되지는 않았으나 상부의 퇴적 시 풍화작용의 영향을 오랫동안 받아 풍화대가 매우 두꺼울 것으로 판단된다. 조사 결과 풍화암의 두께는 전반적으로 10m 또는 그 이상으로 예상되며 깊이가 깊어짐에 따라 풍화의 정도가 약화되었다.

③ 기반암(연암)

본 지역의 지질은 중생대 쥐라기의 대보화강암을 기반암으로 하고 그 하부를 제4기 퇴적층이 피복하고 있다. 기반암인 대보화강암의 주 구성광물은 석영, 장석, 흑운모 등으로 중립 또는 조립질로 나타나고 있다.

연암은 급유시설 및 지하차도 지역에서 그 분포 깊이가 확인되었는데, 심도는 지표면으로 부터 15.7∼29.8m 깊이에 분포하고 있다. 연암의 암질은 매우 불량한 상태로서 코아 회수율이 저조한 편이다. 이는 연암을 확인하는 정도의 깊이로 시추하였기 때문이다.

1.2.2 물리적 특성

(1) 비중, 자연함수비, 단위중량, 간극비

비중시험 결과 본 지역 해성점토의 비중은 2.55∼2.72 범위에 있으며 평균 2.70으로 나타났다. 따라서 일반적인 점토의 비중과 유사함으로 불순물은 그다지 함유되지 않은 것으로 생각된다. 또한 본 지역 해성점토의 자연함수비는 24.17∼45.03% 범위에 있으며 평균 35.05%로 나타났고 단위중량은 1.71∼1.98g/cm³ 범위에 있으며 평균 1.87g/cm³로 나타났다. 그 밖에도 본 지역 해성점토의 간극비는 0.75∼1.21의 범위에 있으며 평균 0.95로 나타났다.

그림 1.12(a)는 본 지역 해성점토의 자연함수비와 단위중량과의 관계를 나타낸 그림이다. 일반적으로 함수비가 증가함에 따라 단위중량은 감소하는 경향이 있다. 그러나 본 지역 해성점토에 대해서는 이 그림에 보는 바와 같이 분산도가 상당히 큰 것으로 나타났다. 따라서 함수비가 증가함에 따라 단위중량은 감소한다는 결론에 도달하기 위해서는 이후 좀 더 많은 자료에 대한 연구가 필요할 것으로 생각된다.

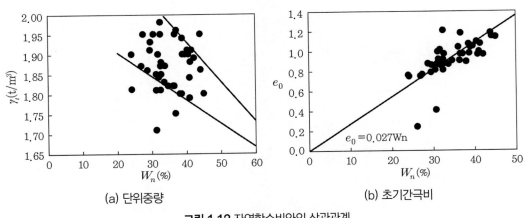

(a) 단위중량   (b) 초기간극비

그림 1.12 자연함수비와의 상관관계

한편 그림 1.12(b)는 자연함수비와 초기간극비 사이의 상관관계를 나타낸 그림이다. 이 그림에서 보면 자연함수비 W_n과 초기간극비 e_0 사이에는 서로 비례관계가 있음을 알 수 있으며 이 비례식은 $e_0 = 0.027\,W_n$으로 나타났다. 이는 일본항만 설계기준식인 $e_0 = 0.0265\,W_n$과 비교해볼 때 아주 유사한 값을 보이는 것을 알 수 있다.

$$e_0 = 0.0027\,Wn \tag{1.13}$$

$$e_0 = 0.00265\,Wn \qquad \text{(일본항만설계기준)} \tag{1.13a}$$

그림 1.13(a)는 액성한계와 소성한계 사이의 관계를 도시한 그림이다. 이 그림을 살펴보면 액성한계와 소성한계 사이에는 비례관계가 있음을 알 수 있으며, 이에 대한 상관관계선은 $PL = 0.21LL + 14$으로 나타났다. 액성한계는 소성한계와 함께 흙의 물리적인 특성을 나타내며 흙을 분류하는 데 이용된다. 액성한계의 결정은 액성한계시험으로부터 얻은 유동곡선으로 구할 수 있다.[31] 여기서 유동곡선의 기울기를 유동지수라고 하는데, 이는 소성한계상태 흙의 전단강도를 나타내는 지수이다.

소성지수는 흙의 소성 정도를 나타내며 식 (1.14)와 같이 액성한계와 소성한계의 차로 구한다.

$$PI = LL - PL \tag{1.14}$$

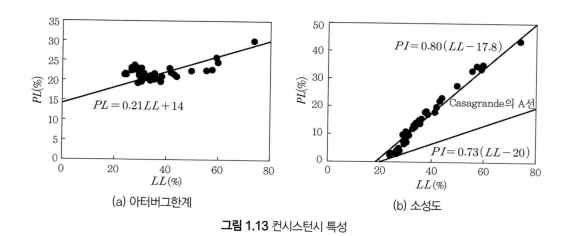

(a) 아터버그한계   (b) 소성도

그림 1.13 컨시스턴시 특성

점토의 소성지수가 클수록 소성한계에 있는 함수량의 범위가 크며 소성지수의 크기는 점토의 함유율에 따라 다르다. 일반적으로 점토의 소성지수는 17보다 크고 모래의 경우에는 1 이하이다.

세립토를 분류하는 데 소성도를 이용하면 매우 편리하다. 본 지역 해성점토를 소성도상에 나타내면 그림 1.13(b)와 같다. 소성도는 종축에는 소성지수를 횡축에는 액성한계를 도시한 그림이다. Casagrande(1947)에 의해 제안된 A선 $PI = 0.73(LL - 20)$과 함께 도시하였다. 이 그림에서 살펴보면 본 해성점토에 대해서는 $PI = 0.80(LL - 17.8)$의 직선식이 성립한다. 이 선을 그림 1.13(b)에서 보는 바와 같이 Casagrande(1947)의 A선보다 위에 존재하는 것을 알 수 있다. 그러므로 본 지역 해성점토는 무기질의 중소성 점토로 분류할 수 있다.

1.2.3 강도특성

본 조사지역의 지층은 앞 절의 물리적 특성에서 조사한 바와 같이 세 가지로 분류할 수 있다. 즉, 흙의 물리적 특성시험을 통하여 통일분류법상 CL층, ML층 및 CH층의 세 지층의 점토로 분류할 수 있다. 이들 지층에 대한 강도특성을 조사하면 다음과 같다. 시료채취심도는 CL층의 경우 1.9~23.6m, ML층의 경우 1.9~17.7m, CH층의 경우 2.6~9.4m 정도로 불교란 해성점성토 시료에 대해 실시된 압밀비배수(CU 시험) 삼축압축시험으로 강도특성을 조사하면 다음과 같다.

(1) 축차응력 – 축변형률 관계

먼저 그림 1.14는 본 조사지역의 지층 점토인 CL층, ML층 및 CH층에 대한 압밀비배수 삼축압축시험의 대표적 결과로부터 파악된 축차응력과 축변형률 사이의 거동을 도시한 그림이다.[12]

우선 그림 1.14(a)는 본 조사지역의 CL층의 시험 결과를 대표적으로 나타낸 그림으로 축차응력($\sigma_1 - \sigma_3$)과 축변형률(ϵ_1) 사이의 거동을 도시한 도면이다.

모든 CL층에 대한 시험 결과를 정리해보면 그림 1.14(a)에서 보는 바와 같이 최대축차응력은 구속압이 0.5kg/cm^2일 경우 1.12~3.26kg/cm^2 사이에 존재하고, 구속압이 1.0kg/cm^2일 경우 1.93~4.05kg/cm^2 사이에 존재하며, 구속압이 1.5kg/cm^2일 경우 1.97~4.33kg/cm^2 사이에 존재

하는 것으로 나타났다. 그리고 최대축차응력이 발생되는 축변형률은 3.41~14.8%이었다.[12]

그림 1.14(b)는 ML층으로 분류된 점토에 대한 압밀비배수 삼축압축시험의 대표적인 결과를 나타낸 것으로 축차응력($\sigma_1 - \sigma_3$)과 축변형률(ϵ_1) 사이의 거동관계를 도시한 그림이다. 모든 ML층에 대한 삼축압축시험 결과 최대축차응력$(\sigma_1 - \sigma_3)_{max}$은 구속압이 0.5kg/cm²인 경우 1.31~1.67kg/cm² 사이에 존재하며, 구속압이 1.0kg/cm²인 경우는 1.79~3.02kg/cm² 사이에 존재하며, 구속압이 1.5kg/cm²인 경우 3.22~4.00kg/cm² 사이에 존재하는 것으로 나타났다. 그리고 최대축차응력이 발생되는 축변형률은 5.2~17.3%인 것으로 나타났다.

끝으로 그림 1.14(c)는 CH층으로 분류된 점토에 대한 압밀비배수 삼축압축시험 결과로 파악된 축차응력($\sigma_1 - \sigma_3$)과 축변형률(ϵ_1) 사이의 거동관계를 대표적으로 도시한 그림이다.

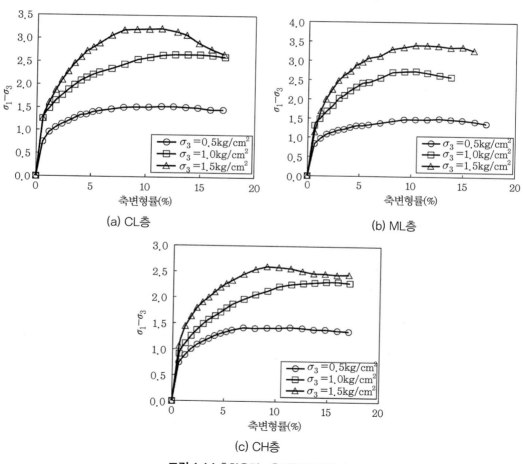

(a) CL층

(b) ML층

(c) CH층

그림 1.14 축차응력 - 축변형률 거동[12]

모든 CH층에 대한 삼축압축시험 결과를 정리해보면 최대축차응력은 구속압이 $0.5kg/cm^2$일 경우 $1.23 \sim 1.43kg/cm^2$ 그리고 구속압이 $1.0kg/cm^2$일 경우 $1.82 \sim 2.32kg/cm^2$, $1.5kg/cm^2$일 경우 $2.09 \sim 2.61kg/cm^2$의 사이에 존재하는 것으로 나타났다. 계속하여 구속압이 $2.0kg/cm^2$일 경우 $2.88 \sim 2.97kg/cm^2$, 구속압이 $3kg/cm^2$일 경우 $3.098 \sim 3.104kg/cm^2$의 사이에 존재하는 것으로 나타났다. 그리고 이들 최대축차응력이 발생되는 축변형률은 $6.94 \sim 16.9\%$인 것을 알 수 있다.

이상의 결과 각 지층에 대하여 파악된 최대축차응력과 축변형률의 관계를 요약·정리하면 표 1.8과 같다. 결론적으로 본 조사지역의 지층 점토인 CL층, ML층 및 CH층에 대한 압밀비배수 삼축압축시험 결과로부터 모든 지층에서 구속압이 증가함에 따라 최대축차응력은 증가하는 것을 알 수 있다.

표 1.8 최대축차응력, 최대주응력비, 최대축변형률[12]

구분	구속압(kg/cm^2)	최대축차응력 $(\sigma_1 - \sigma_3)_{max}$ (kg/cm^2)	최대축차응력 시 축변형률 $\epsilon_{1,max}(\%)$	최대주응력비 $(\sigma'_1/\sigma'_3)_{max}$	최대주응력비 시 축변형률 $\epsilon_{1,max}(\%)$
CL층	0.5	$1.12 \sim 3.26$	$3.41 \sim 14.8$	$3.23 \sim 4.47$	3.4-14.8
	1.0	$1.93 \sim 4.05$		$2.11 \sim 4.05$	
	1.5	$1.97 \sim 4.33$		$1.65 \sim 3.81$	
ML층	0.5	$1.31 \sim 1.67$	$5.2 \sim 17.3$	$3.61 \sim 4.85$	5.2-17.3
	1.0	$1.79 \sim 3.02$		$3.15 \sim 4.02$	
	1.5	$3.22 \sim 4.11$		$3.15 \sim 3.73$	
CH층	0.5	$1.23 \sim 1.43$	$6.94 \sim 16.9$	$3.46 \sim 3.85$	6.94-16.9
	1.0	$1.82 \sim 2.32$		$2.82 \sim 3.32$	
	1.5	$2.09 \sim 2.61$		$2.39 \sim 2.74$	
	2.0	$2.88 \sim 2.97$		$2.44 \sim 2.48$	
	3.0	$3.098 \sim 3.104$		$2.03 \sim 2.04$	

(2) 주응력비 – 축변형률 관계

그림 1.15(a)는 CL층으로 분류된 점토에 대한 대표적 삼축압축시험 결과를 주응력비와 축차응력의 관계를 도시한 그림이다. 이 그림을 살펴보면 구속압이 $0.5kg/cm^2$, $1.0kg/cm^2$, $1.5kg/cm^2$일 경우 평균최대주응력비는 각각 4.00, 3.28, 2.32인 것으로 나타났다. 평균최대주응력비가 발생할 때의 축변형률을 살펴보면 $9.07 \sim 11.36\%$인 것으로 나타났다.[11]

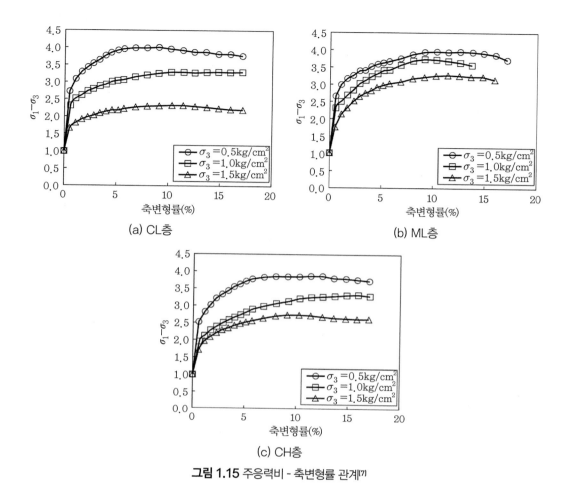

(a) CL층   (b) ML층

(c) CH층

그림 1.15 주응력비 - 축변형률 관계[7]

모든 CL층에 대한 삼축압축시험 결과를 정리해보면 그림 1.15(a)에서 보는 바와 같이 최대 주응력비는 구속압이 $0.5kg/cm^2$일 경우 3.23~4.47 사이에 존재하고, 구속압이 $1.0kg/cm^2$일 경우 2.11~4.05 사이에 존재하며, 구속압이 $1.5kg/cm^2$일 경우 1.65~3.81 사이에 존재하는 것으로 나타났다. 그리고 최대주응력비가 발생되는 축변형률은 3.4~14.8%인 것으로 나타났다. 이것으로 보아 최대주응력비는 최대 축차응력과 유사한 축변형률에서 발생함을 알 수 있다.[12]

그림 1.15(b)은 ML층으로 분류된 점토에 대한 대표적 삼축압축시험 결과를 주응력비와 축차응력의 관계로 도시한 것이다. 모든 ML층에 대한 시험 결과를 정리해보면 최대주응력비는 구속압이 $0.5kg/cm^2$일 경우 3.61~4.85 사이에 존재하고, 구속압이 $1.0kg/cm^2$일 경우 3.15~4.02 사이에 존재하며, 구속압이 $1.5kg/cm^2$일 경우 3.15-3.73 사이에 존재하는 것으로 나타났다. 그

리고 최대주응력비가 발생되는 축변형률은 6.19∼10.31%인 것으로 나타났다.[12]

한편 그림 1.15(c)는 CH층으로 분류된 점토에 대한 대표적 삼축압축시험 결과를 주응력비와 축변형률 사이의 관계로 도시한 그림이다.

모든 CH층에 대한 삼축압축시험 결과를 정리해보면 최대주응력비는 구속압이 $0.5kg/cm^2$일 경우 3.46-3.85, 구속압이 $1.0kg/cm^2$일 경우 2.82∼3.32, 구속압이 $1.5kg/cm^2$일 경우 2.39∼2.74, 구속압이 $2.0kg/cm^2$일 경우 2.44∼2.48 그리고 구속압이 $3.0kg/cm^2$일 경우 2.03∼2.04 사이에 존재하는 것으로 나타났다. 그리고 최대주응력비가 발생되는 축변형률은 4∼16.9%인 것을 알 수 있다.[12]

최대주응력비와 축변형률에 관한 이상의 결과를 요약하면 표 1.8과 같이 나타낼 수 있다. 종합적으로 표 1.8을 살펴보면 본 조사지역의 지층 점토인 CL층, ML층 및 CH층에 대한 압밀비배수 삼축압축시험 결과로부터 구속압이 증가함에 따라 최대축차응력$(\sigma_1 - \sigma_3)_{max}$은 증가하며, 최대주응력비$(\sigma'_1/\sigma'_3)_{max}$는 감소함을 알 수 있다.

(3) 유효내부마찰각

본 절에서는 압밀비배수 삼축압축시험 결과에 의한 Mohr원으로부터 유도된 유효내부마찰각과 Lade(1989)의 강도정수 η_1과 m를 구하여 지반의 강도특성을 알아본다.[12]

압밀비배수 삼축압축시험(CU 시험) 결과에 대하여 Mohr원으로부터 유도된 유효내부마찰각은 $\phi' = \sin^{-1}\left(\dfrac{\sigma_1'/\sigma_3' - 1}{\sigma_1'/\sigma_3' + 1}\right)$이다.

따라서 이 식을 이용하여 삼축시험 결과로부터 유효내부마찰각을 구할 수 있으며 구속압과의 관계를 도시하면 그림 1.16과 같다.

즉, 종축은 위 식으로부터 계산된 유효내부마찰각으로 하고, 횡축에는 구속압으로 하여 그림을 도시하였다. 이 그림에서 보는 바와 같이 구속압이 증가함에 따라 유효내부마찰각은 감소하고 있다. 이것은 실제 Mohr원에 의한 파괴포락선이 직선이 아니라 구속압이 증가함에 따라 기울기가 작아지는 곡선임을 확인시켜주는 것이다.

또한 구속압과 유효내부마찰각은 이 그림과 같이 반비례의 관계를 갖는 것으로 나타났으며, 회귀분석 결과 평균값은 $y = -12.1x + 47.8$이 된다. 그리고 상한치는 $y = -12.1x + 56.3$이 되고, 하한치는 $y = -12.1x + 38.7$이 된다.

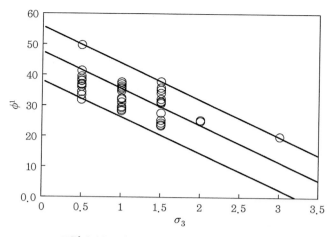

그림 1.16 구속압과 유효내부마찰각과의 관계

(4) η_1, m 계수

그림 1.17은 식 (1.13)에서와 같이 Lade의 3차원 파괴규준을 대상으로 인천 영종도 해성점 성토의 파괴 시의 $(I_1^3/I_3 - 27)$과 (P_a/I_1)의 관계를 각각 종축과 횡축의 값으로 취함으로써 계수 η_1, m을 구한 결과이다.[12]

$$(I_1^3/I_3 - 27)(P_a/I_1)^m = \eta_1 \tag{1.13}$$

인천 영종도 해성점성토에 대한 Lade 파괴규준의 η_1과 m을 구하면 그림 1.17과 표 1.9와 같다. 표 1.9에서 보는 바와 같이 영종도 지역 해성점토에 대한 η_1과 m은 각각 CL층 지반에서 는 54와 0.23이었고 ML층 지반에서는 80과 0.31 그리고 CH층 지반에서는 86과 0.49를 나타 냈다.

이들을 종합하여 인천 영종도 지역의 해성점토 전체에 대한 Lade 파괴규준의 η_1과 m을 구하면 그림 1.17과 표 1.9에서 보는 바와 같이 η_1은 상한치 140과 하한치 31, 평균값 67의 값은 가지며 m은 0.3으로 나타났다.[12]

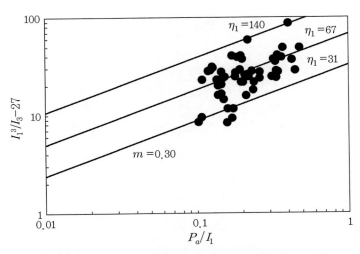

그림 1.17 인천 영종도 해상점성토의 파괴규준에 대한 η_1, m [12]

표 1.9 영종도 지역 해성점성토의 Lade 파괴규준에 대한 η_1과 m [12]

구분 계수	CL층	ML층	CH층	전체		
				상한치	평균치	하한치
η_1 계수	54	80	86	140	67	31
m 계수	0.23	0.31	0.49	0.3		

1.2.4 변형특성

불교란 해성점성토 대한 압밀비배수 삼축압축시험의 결과를 비교·분석하여 인천 영종도 지역 국제공항 부지의 해성점성토에 대한 변형특성을 알아내고자 한다. 특히 변형특성은 Kondner(1963)에 의해 제시된 초기탄성계수[36]와 Janbu(1963)에 의해 제시된 K와 n계수[34]를 구해본다.

(1) 초기탄성계수

본 절에서는 압밀비배수 삼축압축시험에서 얻어진 결과를 이용하여 축변형률과 축하중 응력의 관계를 Kondner의 쌍곡선 모델에 적용시켜 구속압에 따른 초기탄성계수를 구하였다.[36] 이를 Kondner의 쌍곡선 모델을 선형화함으로써 횡축에는 축변형률(ϵ_1)을, 종축에는 축변형률을 축차응력으로 나눈 값($\epsilon_1 / (\sigma_1 - \sigma_3)$)으로 하여 그래프를 각각 CL층, ML층, CH층에 대하여 각각 도시하였다. 그리고 추세선의 기울기와 절편을 이용하여 극한강도(σ_{ult})와 초기 탄성계수(E_i)를 구할 수 있다.[12]

각 층에 대한 시험 결과로부터 얻은 초기탄성계수 값을 정리하면 표 1.10과 같다. CL층, ML층, CH층에서 구한 각각의 초기탄성계수를 구속압에 따라 평균값으로 정리하였으며, 구속압과 초기탄성계수의 관계식을 도시하면 그림 1.18과 같다. 이 그림을 살펴보면 종축에는 초기탄성계수(E_i)를, 횡축에는 구속압(σ_3)을 도시하였다.

표 1.10 각 지층의 초기탄성계수[12]

구분		구속압(kg/cm²)				
		0.5	1.0	1.5	2.0	3.0
초기탄성계수 (kg/cm²)	CL층	119.4	152.2	213.8	-	-
	ML층	115.0	140.2	194.0	-	-
	CH층	112.0	133.3	206.0	247.8	308.3
	총	117.0	144.4	205.9	247.8	308.3

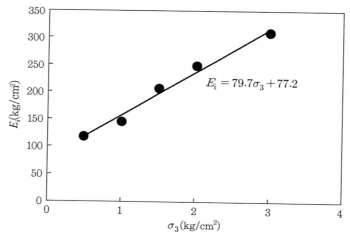

그림 1.18 구속압에 따른 평균 영종도 지역 초기탄성계수의 변화[12]

각 층의 초기탄성계수는 구속압에 따라 일정하게 증가하는 것을 알 수 있다. 또한 구속압에 따른 초기탄성계수의 비례식은 $E_i = 79.7\sigma_3 + 77.2$와 같이 나타낼 수 있다.

(2) K, n계수

그림 1.19는 Janbu(1963)의 방법에 의하여 구한 초기탄성계수와 구속응력 σ_3 간의 관계를 조사지역 전체 지층에 대하여 조사한 결과를 도시한 그림이다.[34] 즉, Kondner의 경험식 $E_i = KP_a(\sigma_3/P_a)^n$에 의하여 영종도지역 국제공항 신축부지 해성점성토에 대한 K, n값을 구한 결과를 전체 지층별로 정리하면 그림 1.19와 같다.[12]

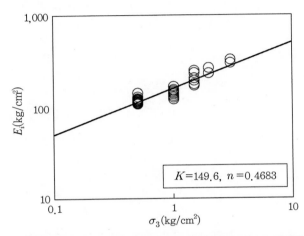

그림 1.19 인천 영종도지역 해성점성토의 초기탄성계수와 구속압과의 관계

K값은 구속응력(σ_3)이 대기압(P_a)과 같을 때의 초기탄성계수 값으로 구할 수 있으며, 일반적으로 암이나 모래 등의 조립토일수록 K값은 크고 점성토 등의 세립토일수록 작다.

영종도지역 해성점성토의 여러 층에서의 초기탄성계수와 구속압과의 관계를 종합적으로 정리하면 그림 1.19에서 보는 바와 같이 $K = 149.6$, $n = 0.4683$의 값을 얻을 수 있다.

이러한 결과들을 종합적으로 정리하면 인천 영종도지역 해성점성토지반의 CL층, ML층, CH층의 K와 n값은 표 1.11과 같다.

표 1.11 인천 영종도지역 해성점성토에 대한 K와 n[12]

계수	CL층	ML층	CH층	전체
K	156.7	145.8	142.5	149.6
n	0.5806	0.5154	0.4359	0.4683

1.3 안산지역 해성점토의 특성

1.3.1 물리적 특성

흙의 분류와 판별에 관한 기본적인 성질을 총칭한 것이 흙의 물리적 특성이며, 본 시험으로는 입도, 비중, 액·소성한계 등과 같은 흙의 분류 및 판별하기 위한 시험과 함수량, 간극비, 밀도 등과 같이 흙의 상태를 파악하기 위한 시험으로 구분된다.

안산지역 해성점성토를 대상으로 실시한 입도분석시험(KSF-2302), 함수비시험(KSF-2306), 비중시험(KSF-2308), 액성한계시험(KSF-2303), 소성한계시험(KSF-2304), #200번체 통과량 시험(KSF-2309) 등의 물성시험 결과를 이용하여 물리적 특성을 분석하였다.[4]

시추조사 시 굴진심도는 연암 1~2m까지 굴진함을 원칙으로 하였으나 풍화암의 심도가 깊을 경우 연약지반의 처리에 큰 문제가 없는 풍화암 3m까지 확인 후 종료하였다.

시험에 사용된 이 지역 해성점성토의 채취심도는 1.4~25.5m에서 채취하였다. 표 1.12는 채취된 시료를 토대로 실시한 물성시험 결과를 정리한 표이다.

표 1.12 물리적 특성 결과표[4]

구분	비중(G_s)	자연함수비 (W_n)	액성한계 (LL)(%)	소성한계 (PL)(%)	소성지수 (PI)(%)	단위중량 (γ_t)(t/m³)
최솟값	2.55	13.9	21.1	13.8	1.2	1.595
최댓값	2.73	98.5	82.7	36.1	52.6	1.947
평균값	2.67	40.9	40.2	21.8	18.4	0.851

(1) 아터버그한계 및 연경도

그림 1.20은 심도별 액성한계, 소성한계, 소성지수를 나타낸 그림이다. 그림에서 보는 바와 같이 액성한계는 심도가 깊을수록 약간 감소하는 경향을 보이고 있으나 소성한계 및 소성지수는 깊이에 관계없이 분포되어 있는 경향을 보이고 있다.

즉, 안산지역의 해성점토에 대한 아터버그한계의 특성은 액성한계는 21.1~82.7%까지 넓은 범위에 있으며 평균 40.2%로 나타났고, 30~55%에 집중적으로 분포하고 있다.

소성한계는 16.8~36.1% 범위에 있으며 평균 21.8%로 나타났고, 소성지수는 1.2~52.6% 넓은 범위에 분포하고 있으며 평균 18.4%로 나타났다.

몇 군데 시추조사에서는 기존의 시가지를 형성한 부분이 있어 소성지수가 낮게 나온 곳도 있었다.

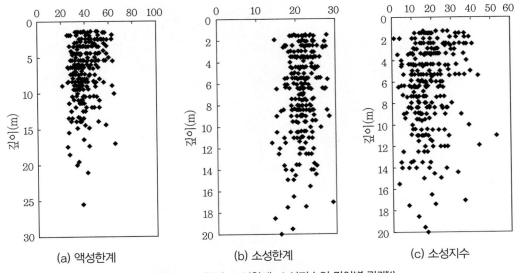

(a) 액성한계 (b) 소성한계 (c) 소성지수

그림 1.20 액성한계, 소성한계, 소성지수의 깊이별 관계[4]

한편 심도별 액성한계, 소성한계, 소성지수를 나타낸 그림 1.20으로부터 액성한계는 심도가 깊을수록 약간 감소하는 경향을 보이고 있으나 소성한계 및 소성지수는 깊이에 관계없이 분포되어 있는 경향을 보이고 있다.

그림 1.21은 액성한계와 소성한계의 관계를 나타낸 그림이다. 그림 1.21에 나타난 바와 같이 안산지역 해성점성토의 액성한계는 증가하여도 소성한계는 거의 일정하게 나타나고 있다.

유기물함유량의 증가에 따라 증대하는 것이 일반적이며, 소성한계는 액성한계와 함께 세립토의 분류에 중요한 지표로 이용된다.

한편 그림 1.22는 심도별 액성지수를 나타낸 것으로 그림에서 보는 바와 같이 액성지수는 심도가 깊어질수록 감소하고 있다. 즉, 지표면 부근에서는 액성지수가 대부분 1~2 사이에 분포되어 있어 매우 연약한 상태를 보이고 있다. 그러나 심도가 깊어질수록 1에 근접하거나 1보다 작게 분포하고 있음을 알 수 있다. 시험 결과 액성지수는 0.28~5.22의 범위이고, 평균 1.34%로 매우 연약한 상태로 나타났다.

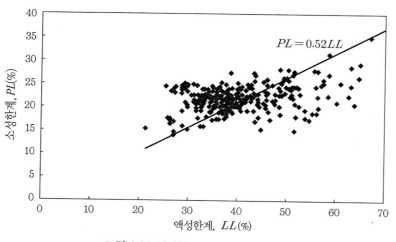

그림 1.21 액성한계와 소성한계의 관계

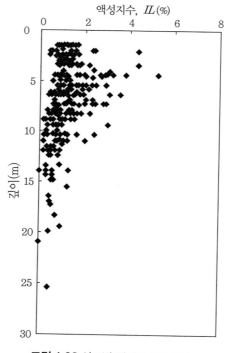

그림 1.22 심도별 액성지수의 관계

그림 1.23은 자연함수비와 액성한계의 관계를 나타내고 있다. 이 그림에서 알 수 있듯이 자연함수비가 50% 이하인 시료에 대해서는 액성한계의 분산이 크다. 이는 실험오차 및 퇴적

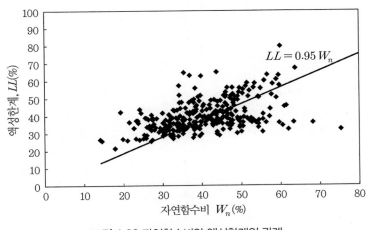

그림 1.23 자연함수비와 액성한계의 관계

환경특성에 기인된 차이로 인정된다.

(2) 자연함수비 및 초기간극비

그림 1.24는 심도에 따른 안산지역 해성점토의 자연함수비와 초기간극비의 분포를 도시한 것이다. 이 그림에 나타난 바와 같이 자연함수비와 초기간극비는 깊이가 깊어짐에 따라 감소하는 경향을 보이고 있다.

우선 그림 1.24(a)로부터 자연함수비는 13.9~98.5%까지 넓은 범위로 분포하고 평균 41%로 나타났지만, 대부분 30~50% 사이에 집중되어 분포하고 있다.

그리고 초기간극비는 그림 1.24(b)로부터 0.574~1.707의 범위에 있으며 평균 1.132로 나타났으며 심도가 깊어질수록 초기간극비는 감소하는 경향을 보이고 있다.

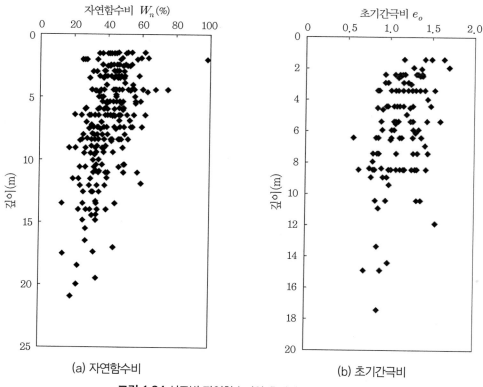

(a) 자연함수비   (b) 초기간극비

그림 1.24 심도별 자연함수비와 초기간극비의 분포[4]

(3) 비중과 단위중량

한편 그림 1.25는 해성점성토 비중과 단위중량을 심도별로 나타낸 것이다. 우선 비중은 그림 1.25(a)에서 보는 바와 같이 2.55~2.73 범위에 있으며, 평균 2.67로 나타났다. 지표면에서 15m 깊이까지의 비중은 대부분 2.63~2.72의 범위에 분포하고 있다. 특히 15m 깊이 이하에서는 2.56~2.70까지 넓은 범위로 분포하고 있다.

한편 지표면에서 G.L.-10.0m까지는 비중이 깊이에 관계없이 거의 일정하게 분포하고 있으며, 그 이하부터는 약간 감소하는 경향을 보이고 있다.

비중은 광물 또는 유기물과 관계가 있으며, 심도가 깊을수록 비중이 작아지는 것은 유기물의 함량에 의한 것으로 판단된다. 안산지역의 비중 분포가 일반적인 점토의 비중과 유사하므로 불순물은 그다지 함유하지 않는 것으로 사료되었다.

그림 1.25(b)는 심도별 단위중량의 분포를 나타낸 그림이다. 이 그림에서 보는 바와 같이

단위중량은 1.595~1.947t/m³의 범위에 걸쳐 분포하고 있으며 평균 1.762t/m³로 나타났다. 그리고 단위중량은 심도가 깊을수록 증가하고 있다.

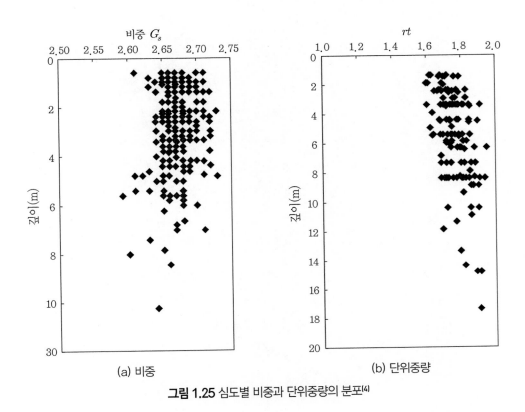

그림 1.25 심도별 비중과 단위중량의 분포[4]

그림 1.26과 그림 1.27은 각각 안산지역의 해성점토의 자연함수비와 단위중량 및 초기간극비와의 관계를 나타낸 그림이다. 우선 그림 1.26으로부터 자연함수비가 증가함에 따라 단위중량은 감소하는 반비례 관계를 나타내고 있음을 알 수 있다.[4]

한편 그림 1.27에 나타낸 바와 같이 안산지역의 해성점토의 초기간극비는 자연함수비가 증가함에 따라 초기간극비도 증가함을 알 수 있다. 이 비례식은 $e_0 = 0.0264\,W_n$로, 일본 항만 설계 기준식인 $e_0 = 0.02565\,W_n$과 비교해볼 때 아주 유사한 값을 보이는 것을 알 수 있다.

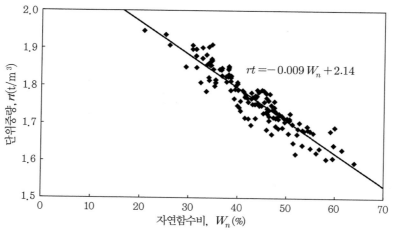

그림 1.26 자연함수비와 단위중량의 관계

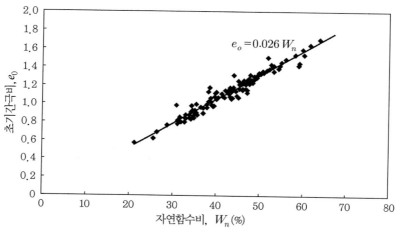

그림 1.27 자연함수비와 초기간극비의 관계

(4) 소성도 및 활성도

세립토를 분류하는 데 소성도를 이용하면 매우 편리하다. 소성도는 종축에는 소성지수를 횡축에는 액성한계로 정하고 소성지수와 액성한계 사이의 관계를 도시하며, 그림 1.28에 나타낸 바와 같다. 이 그림에는 Casagrande(1947)가 제안한 A선도 함께 도시되어 있다. 그 후 1964년에 Seed et al.에 의해 소성도가 아주 정확함이 판명되었다. 세립토는 소성도의 A선으로 대략적인 특성이 분류되며, U선보다 위에 있는 흙은 발견된 적이 없다고 한다.

그림 1.28은 본 시험에서 사용된 안산지역의 해성점성토를 소성도에 의한 흙의 분류를 나타낸 그림이다. 이 그림에 나타낸 바와 같이 안산지역의 해성점성토는 대부분 압축성(소성)이 중간인 무기질 점토(CL)와 압축성이 큰 무기질 점토(CH)로 구성되어 있다.

그리고 일부지역에서는 압축성이 작은 실트가 부분적으로 분포하고 있음을 알 수 있다.

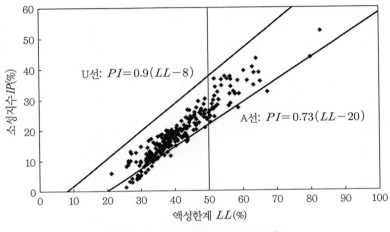

그림 1.28 안산지역 해성점토의 소성도

한편 그림 1.29는 소성지수(I_p)와 점토함유량(2μm보다 작은 입경)으로써 정의된 안산지역의 해성점성토에 대한 활성도를 나타낸 그림이다. 이 그림에 나타낸 바와 같이 안산지역의

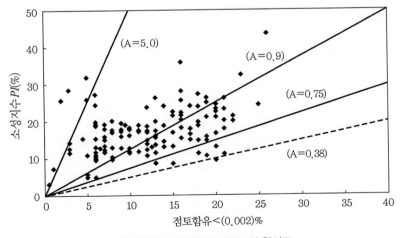

그림 1.29 안산지역 해성점토의 활성도

점성토의 활성도 A는 0.5~5 사이에 분포하고 있으며 평균활성도는 1.86으로 나타났다.

그리고 대부분 A=0.75선 위에 분포하고 있어 활성도 분류상 보통 점토 또는 활성 점토에 해당되는 것으로 나타났다.

1.3.2 강도특성

기초지반 및 기초구조물의 안정성 검토에 직접관계 되는 것이 흙의 역학적 특성이다. 이것은 설계에 이용되는 토질시험 결과 중 가장 큰 영향을 미치며 토질시험 중의 중심적인 역할을 한다.

안산지역의 해성점성토의 강도특성을 파악하기 위해 일축압축시험, 삼축압축시험, 비압밀비배수 삼축압축시험(UU), 압밀배수 삼축압축시험(CU), 압축시험의 역학시험을 실시하였다.

표 1.13은 이들 역학시험에서 얻은 안산지역의 해성점성토의 강도특성을 정리하여 나타낸 표이다.

표 1.13 강도특성 결과표[4]

구분	비배수전단강도	일축압축강도	유효내부마찰각 (ϕ)	예민비 (S_t)	강도증가율 (c_u/P_0)
최솟값	0.053	0.126	10.7	1.380	0.091
최댓값	0.665	1.277	39.9	29.591	0.881
평균값	0.246	0.444	21.1	7.305	0.390

(1) 일축압축강도와 압밀비배수강도

일축압축시험은 보통 점토에서 사용되는 UU 시험의 한 형태로, 구속압 $\sigma_3 = 0$이고 축하중을 급속하게 가하여 시료를 전단 파괴시킨다. 대략 10분 이내에 시험해야 하며 변형속도가 빠를수록 강도가 크게 나오는 경향이 있다.

그림 1.30(a)는 안산지역 해성점성토의 일축압축강도를 심도별로 도시한 그림으로 심도가 깊을수록 일축압축강도가 크게 나오는 경향이 있다. 일축압축강도는 최소 0.013kg/cm²에서 최대 1.277kg/cm² 범위까지의 분포로 나타났고, 평균 0.441kg/cm²으로 나타났다.

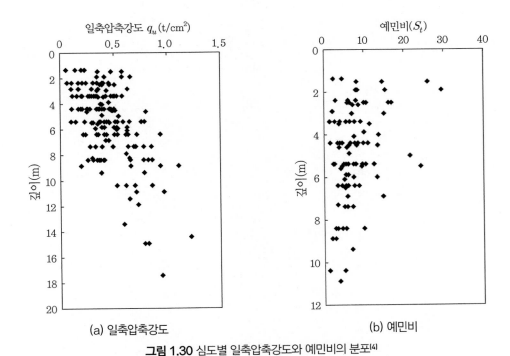

(a) 일축압축강도

(b) 예민비

그림 1.30 심도별 일축압축강도와 예민비의 분포[4]

현장에서 채취한 점토의 불교란시료의 전단강도는 완전히 교란시킨 후 같은 함수비로 재성형한 시료(remolded)의 전단강도보다 값이 크다. 이는 일단 점토가 교란되면 현장에서 퇴적될 때 형성되었던 입자 간의 결합력이 파괴되기 때문이다.

불교란시료의 일축압축강도와 재형성 시료의 일축압축강도의 비를 예민비라 한다.

안산지역 점토의 예민비는 그림 1.30(b)에서 보는 바와 같이 1.38~29.59 범위에 분포하고 있으며 평균 7.44이다. 그리고 Rosenqusit(1953)의 분류에 의해 대단히 연약한 해성점성토로 분류할 수 있다.[37]

그림 1.31(a)는 비압밀비배수 삼축압축시험으로부터 얻은 비배수전단강도(c_{u3})를 심도별로 나타낸 그림이다. 비배수전단강도(c_{u3})는 그림 1.31(a)와 같이 0.05~0.55kg/cm^{2}의 범위에 분포하고 있고, 평균 0.246kg/cm^{2}로 산정되었다.

이 그림에 나타난 바와 같이 비배수전단강도는 심도가 깊을수록 크게 나오는 특성을 보이고 있다.

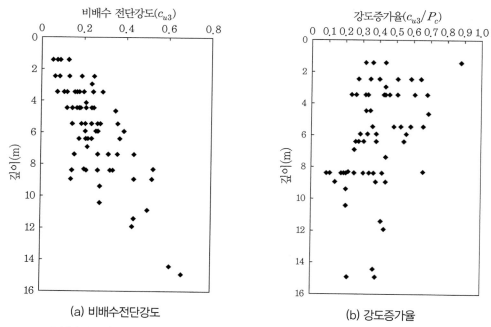

(a) 비배수전단강도   (b) 강도증가율

그림 1.31 심도별 삼축압축시험으로 구한 비배수전단강도(c_{u3})와 강도증가율의 분포[4]

    압밀비배수시험은 포화시료에 구속응력을 가하여 시료를 압밀시킨 후(구속압력에 의하여 발생하는 간극수압이 완전히 소실된 후) 비배수 상태에서 축차응력을 시료에 가하여 전단파괴시키는 시험으로, 축차응력이 가해지는 동안 배수 통로를 차단하고 간극수압을 측정하여 유효응력 강도정수를 구하여 유효응력 해석에 이용한다.

    압밀비배수시험으로부터 구한 비배수 점착력(c_{u3})과 일축압축시험으로부터 구한 비배수 점착력(c_{u1})과의 사이에는 $c_{u3} = 1.1c_{u1}$ 의 상관관계가 있다.[4]

(2) 강도증가율

    그림 1.31(b)는 삼축압축시험으로 얻은 비배수전단강도(c_{u3})를 유효상재하중으로 나눈 강도증가율을 심도별로 나타낸 그림이다. 이 그림에 나타난 바와 같이 심도가 깊이 갈수록 강도증가율이 감소하는 것으로 나타났다.

    이 그림에서 보는 바와 같이 안산지역에서 강도증가율은 대부분 0.2~0.6의 범위에 있고 0.3의 평균값을 나타내고 있다. 여기서 말하는 강도증가율은 원위치 지반의 강도증가율로서 압밀에 따른 강도증가율과는 개념이 다르다고 할 수 있다.

일반적으로 실험실에서 측정하는 압밀하중에 따른 강도증가율은 현장의 지반을 대상으로 가해지는 압밀 완료 후 어느 정도의 강도가 증가될 것인가를 가늠해보기 위한 시험으로써 하중강도에 따라 원지반이 보유하고 있는 입자의 구조배열이나 결합(bonding)에 의한 영향을 받지 않는 반면, 현장의 강도증가율은 오랜 세월 동안에 다양한 이력에 의해 형성된 현장 강도를 반영한다. 따라서 현장에서 측정된 심도별 강도증가율은 실험실에서 측정된 강도증가율의 값과 반드시 일치하지는 않는다.

1.3.3 압밀특성

(1) 압축지수

그림 1.32는 안산지역 해성점성토의 압밀시험 결과로부터 얻은 압축지수(compression index)를 심도별로 나타낸 그림이다.[4] 그림 1.32에 나타낸 바와 같이 G.L.-8.0m까지는 깊이에 관계없이 압축지수도 거의 일정하게 나타나고 있으나 그 이하 깊이부터는 심도가 깊을수록 압축

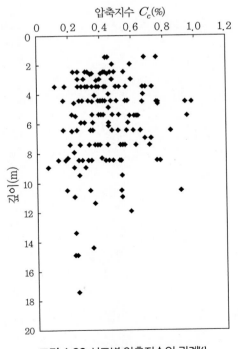

그림 1.32 심도별 압축지수의 관계[4]

지수가 약간 감소하는 경향을 보이고 있다. 이는 심도가 깊을수록 유효상재압이 증가하여 자연상태에서 어느 정도 압밀이 진행되었기 때문이라 판단된다. 그림 1.32에 의하면 압축지수의 범위는 대부분 0.2~0.8의 범위에 있고, 평균적으로 0.4의 값을 나타내고 있다.

(2) 선행압밀하중(P_c)과 과압밀비

그림 1.33(a)는 표준압밀시험 결과를 정리한 $e - \log P$ 곡선에서 얻은 선행압밀하중을 심도별로 도시한 그림이다. 이 그림에서 보는 바와 같이 선행압밀하중은 깊이에 따라 증가하는 경향을 보이고 있다. 즉, 안산지역에서 선행압밀하중은 0.19~2.65의 범위에 분포하고 있으며 평균적으로 0.95로 나타났다. 즉, 지표면에서 10m 이내에서는 0.2~2.0의 범위로 분포하였고, 10m 이하에서는 거의 산정되지 않았지만 심도가 깊을수록 선행압밀하중은 증가하고 있는 추세다.

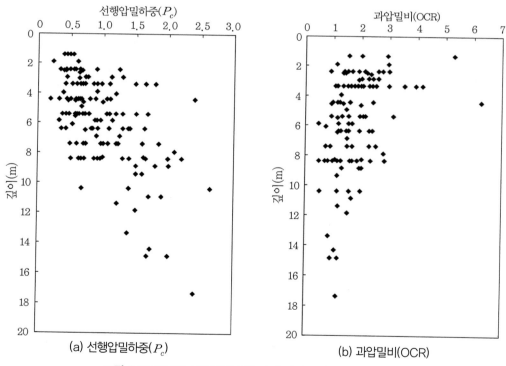

그림 1.33 심도별 선행압밀하중(P_c)과 과압밀비(OCR)의 분포[4]

그림 1.33(b)는 안산지역 해성점토의 과압밀비를 심도별로 나타낸 그림이다. 이 그림 에서 보는 바와 같이 안산지역의 과압밀비는 대부분 1~3 사이에 분포하고 있어 약간 과압밀점토로 규정할 수 있다. 그러나 G.L.-12m 이하 부분은 과압밀비가 대부분 1에 근접하고 있어 정규압밀 점토임을 알 수 있다. 과압밀비는 지표면 부근에서 값이 크게 산정되었으며 심도가 깊을수록 점차 작아지는 경향을 띠고 있다.

(3) 팽창지수와 압밀계수

그림 1.34는 처녀압축곡선인 $e - \log P$ 곡선의 기울기 C_c와 과압밀구간의 기울기 팽창지수(C_s)와의 관계를 도시한 그림이다.

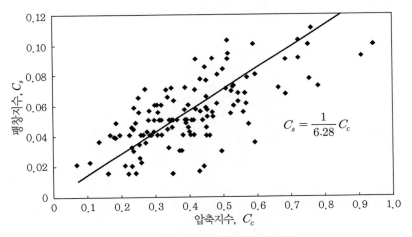

$$C_s = \frac{1}{6.28} C_c$$

그림 1.34 팽창지수와 압축지수의 관계

일반적으로 $C_s = \left(\dfrac{1}{5} - \dfrac{1}{10} \right) C_c$의 관계를 보이고 있으나 평균팽창지수는 이 그림에 도시한 바와 같이 $C_s = 1/6.28 C_c$의 관계를 보이고 있다. 이 관계는 그림 1.34 속에서 확인할 수 있다. 즉, 그림 1.34는 팽창지수와 압축지수 사이의 관계를 도시한 그림이다. 이 그림으로부터 팽창지수는 압축지수와 평균적으로 $C_s = 1/6.28 C_c$의 관계가 있음을 확인할 수 있다.

체적압축계수(coefficient of volume compreddibility, m_v)는 체적변화계수라고도 하며, 흙의 압축성을 나타내는 계수로서 과압밀점토에서는 거의 일정하며 정규압밀점토에서는 거의 일정하다. 이와 같이 변동이 크지 않기 때문에 체적압축계수를 구한다.

체적압축계수의 하중이 0.8 → 1.6kg/cm²일 때 평균 0.057이고, 3.2 → 6.4kg/cm²로 변화하였을 때 값을 구하면 0.023으로 산정되어 2배 정도 변화가 큰 것으로 나타났다.

그림 1.35(a)는 점토의 체적압축계수와 자연함수비와의 관계를 나타낸 그림이다. 체적압축계수는 일반적으로 하중에 크게 의존하게 된다. 이 그림에 나타난 바와 같이 압밀하중이 1.6kg/cm²와 6.4kg/cm²에서 구한 체적압축계수는 명확하게 구분됨을 알 수 있다. 즉, 동일한 함수비에서는 압밀하중이 증가할수록 체적압축계수가 급속히 감소함을 알 수 있다. 그리고 함수비 증가에 따른 체적압축계수의 증가율도 압밀하중이 클수록 둔화되고 있다. 그림 1.35(b)는 압밀하중이 1.6kg/cm²와 6.4kg/cm²인 경우의 압밀계수를 자연함수비와 관련지어 도시한 그림이다. 이 그림에서 보는 바와 같이 압밀계수는 체적변화계수와는 달리 압밀하중에 큰 영향을 받지 않고 있다.

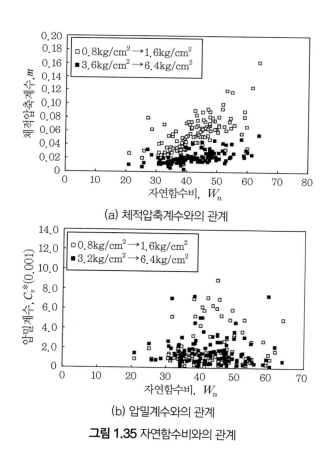

(a) 체적압축계수와의 관계

(b) 압밀계수와의 관계

그림 1.35 자연함수비와의 관계

즉, 안산지역의 압밀계수는 압밀하중이 1.6kg/cm²에서는 평균 1.728×10⁻³이며 6.4kg/cm²의 하중에서는 1.703×10⁻³으로 나타났다. 이들 시험 결과로부터 자연함수비 및 간극비가 크면 압밀계수도 큰 것으로 나타났다.

그림 1.36는 심도별 압밀계수의 분포를 도시한 그림이다. 이 그림에 나타난 바와 같이 G.L.-12m까지는 깊이에 관계없이 압밀계수가 거의 일정하게 나타나고 있으나, 그 이하는 심도가 깊어질수록 약간 감소하는 경향을 보이고 있다.

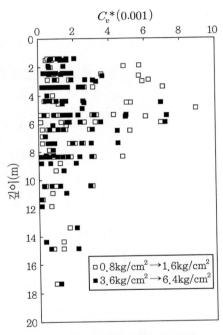

그림 1.36 심도별 압밀계수의 분포[4]

1.4 광양지역 해성점토의 특성

1.4절에서는 그 동안 국내에서 실시된 대형 항만공사에서의 지반조사 결과가 있는 지역이면서 국내 주요 항만이 위치한 남해안의 대표적 항만지역인 광양항 지역 지반을 대상으로 선정하여 각종 실내시험 및 현장조사 자료를 수집하여 토질 분포를 파악하고 그 결과를 분석하여 광양지역 해성점토의 공학적 특성을 규명하고자 한다.[10]

광양지역 해성점토지반에 대한 검토는 두 번에 걸쳐 수행된 결과이다. 첫 번째 검토 부지는 광양제철소 부지 중 1기 원료 야드지역을 대상으로 하여 실시하였다.[14]

이 지역은 샌드 드레인 및 모래다짐말뚝(sand compaction pile)을 병행한 프리로딩 공법으로 지반개량이 실시된 지역이다. 지반개량공법이 적용된 지역에서는 개량 전후의 전단강도특성을 현장에서의 장기 측정기록으로 분석하였다.[14]

즉, 모래말뚝기둥타설 직후 압밀방치 중(U50), 재하모래 철거 전(U90) 시점에서 지반보링을 실시하고 실내시험에서 얻어진 토질정수를 해석하여 지반개량에 의한 전단강도 개량효과를 고찰하였다. 또한 광양제철소 지역의 정규압밀점토를 대상으로 강도증가거동과 강도증가율을 기존 이론과 실험 결과를 비교·분석하고 비배수전단강도 변화 특성을 규명하였다.

두 번째 검토 부지는 광양지역 항만공사 프로젝트 수행을 위해 실시한 광양 지역의 지반조사 결과를 분석 대상 자료로 사용하였다.[10]

토질특성 분석은 물리적 특성과 역학적 특성으로 구분하여 분석하며 물리적 특성은 깊이에 따른 함수비, 비중, 전체단위중량, 간극비, 액성한계, 소성한계 등을 분석하고, 역학적 특성은 일축압축시험, 삼축압축시험, 현장 베인시험 결과에 의한 비배수전단강도, 예민비, 유효마찰각, 선행압밀응력, 압축지수, 팽창지수, 과압밀비, 수직 및 수평방향 압밀계수, 수직 및 수평방향 투수계수에 대하여 분석한다. 이들 분석에서 원지반의 특성을 먼저 설명하고 개량지반의 특성에 대해서는 그 후에 연속하여 설명한다.

1.4.1 물리적 특성

(1) 함수비와 비중

그림 1.37(a)는 깊이에 따른 함수비 분포를 나타낸 그림으로 함수비는 19.55~181.4%의 넓은 범위에 걸쳐 분포하고 있으며, 평균함수비는 82.78%를 나타내고 있다.[10] 이와 같이 함수비는 깊이가 증가함에 따라 약간 감소하는 경향이 있으며 깊이에 따라 함수비의 분포 범위도 줄어들고 있다. 한편 그림 1.37(b)는 깊이에 따른 흙의 비중분포를 나타낸 것으로 깊이에 관계없이 일정한 경향을 보이고 있다. 이 결과에 의하면 점토의 비중은 2.58~2.77의 범위에 분포하며 평균비중은 2.7이다.

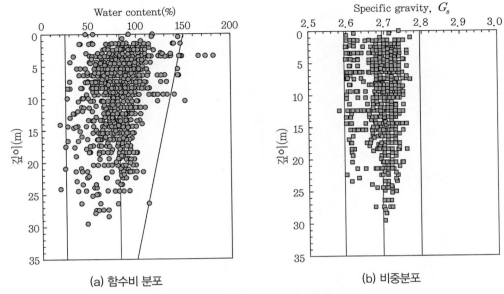

(a) 함수비 분포　　　　(b) 비중분포

그림 1.37 깊이에 따른 함수비와 비중의 분포[10]

(2) 초기간극비와 단위체적중량

그림 1.38은 깊이에 따른 점토지반의 초기간극비와 단위체적중량 분포를 도시한 결과이다. 초기간극비는 압밀시험, 일축압축시험, 삼축압축시험 시 측정된 결과를 이용하였다.

우선 그림 1.38(a)는 깊이에 따른 초기간극비의 분포를 보여주고 있다. 점토의 초기간극비는 0.739~4.491 정도로 넓은 범위에 걸쳐 분포하고 있다. 깊이와 초기간극비의 선형관계는 $e = -0.0214D + 2.512$로 깊이에 따라 약간 감소하는 것으로 나타났으나 결정계수가 0.06으로 매우 작게 평가되어 상관성은 그다지 크지 않은 것으로 나타났다. 얕은 심도에서는 초기간극비의 분산도가 크나 깊어짐에 따라 분산도가 줄어들고 있다. 그러나 깊이 10m 이내에서 과대하게 측정된 몇 개의 자료를 제외한다면 깊이에 따라 비교적 일정한 분포 경향을 나타내고 있다고 할 수 있으며 평균 초기간극비는 2.291이다.

한편 그림 1.38(b)는 깊이에 따른 단위체적중량의 변화를 나타낸 것으로 점토의 단위체적중량은 $1.051 \sim 1.993 t/m^3$의 범위에 분포하며 평균 단위체적중량은 $1.521 t/m^3$으로 나타났다.

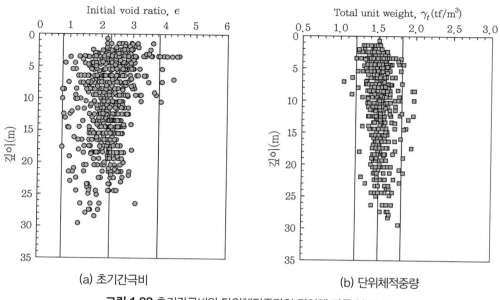

(a) 초기간극비

(b) 단위체적중량

그림 1.38 초기간극비와 단위체적중량의 깊이에 따른 분포[10]

(3) 아터버그한계

그림 1.39는 광양지역 점토의 아터버그한계를 깊이별로 분포 도시한 결과이다. 우선 그림 1.39(a)는 깊이에 따른 액성한계의 분포를 나타낸 것으로 깊이에 상관없이 일정한 분포 경향을 보이고 있다. 일반적으로 광양지역 점토는 액성한계가 50% 이상으로 압축성과 팽창성이 큰 고소성 점토에 속한다고 할 수 있다.

그림 1.39(a)에 의하면 액성한계는 27.5~114.92%로 넓은 범위에 걸쳐 분포하고 있으며 평균 액성한계는 79.81%로 나타났다. 한편 그림 1.39(b)는 깊이에 따른 소성한계의 변화를 나타낸 그림이다. 이 그림으로부터 소성한계는 깊이에 무관하게 15.5~55%의 범위에 분포하고 있으며 평균 소성한계는 28.67%를 나타냄을 알 수 있다. 액성한계와 마찬가지로 소성한계도 깊이에 상관없이 일정한 경향을 보이고 있다.

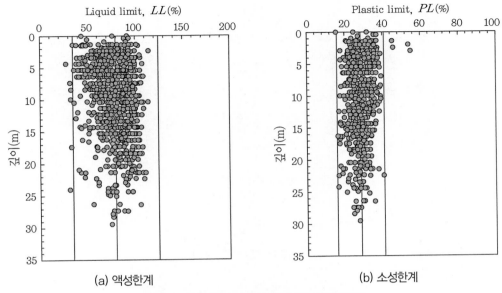

그림 1.39 깊이에 따른 아터버그한계의 분포[10]

(4) 소성도와 활성도

광양지역 점토를 통일분류법으로 분류하면 그림 1.40에 나타낸 바와 같이 대부분(95% 정도) CH로 분류되며 4.5% 정도가 CL로 분류되고 ML과 MH도 일부 존재하지만 그 양은 1% 미만인 것으로 분석되었다.

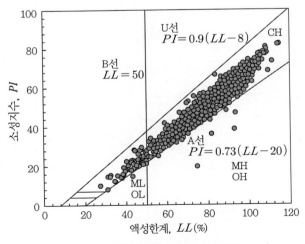

그림 1.40 광양지역 점토의 소성도[10]

그림 1.41은 광양지역 해성점토를 대상으로 Skempton(1953)의 활성도표를 작성한 결과이다. 즉, 점토함유율(<2μm)을 소성지수와의 관계를 나타낸 그림이다.

2μm 이하 점토입자 함유율에 따른 소성지수의 변화양상을 분석한 결과 활성도는 대부분 0.8~3.0 사이에 분포하고 있는 것으로 나타나 일라이트(Illte)와 몬모릴로나이트(Montmorillonite)와 같은 보통 내지 고활성도의 점토광물로 구성되어 있음을 알 수 있다.

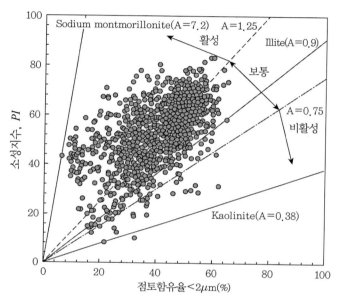

그림 1.41 광양지역 해성점토의 활성도표[10]

전체적으로 볼 때 광양지역 해성점토는 카올리나이트(Kaolinite)계(활성도가 0.38로 낮음)의 비활성 점토의 광물성분은 적고 보통의 활성도를 지닌 일라이트계(활성도가 0.9 정도임)의 점토광물이나 몬모릴로나이트계(활성도가 7.2로 매우 높음)의 활성 점토광물의 성분을 지닌 점토가 우세한 것으로 판단된다. 따라서 광양지역의 점토는 압축성 및 팽창성이 크므로 건설공사 때는 이 점에 각별한 주의를 요하는 바이다.

1.4.2 강도특성

(1) 일축압축강도

그림 1.42(a)는 불교란시료에 대한 일축압축시험 결과를 깊이에 따른 일축압축강도 q_u의

분포로 나타낸 것이다. 이 결과에 의하면 일축압축강도 q_u는 깊이에 따라 비교적 선형적으로 증가한다는 것을 알 수 있다. 깊이에 따른 일축압축강도 q_u의 선형관계식은 $q_u = 0.01697D +$ 0.06447(여기서 D는 깊이)로 깊이가 증가함에 따라 증가하고 있다. 그러나 10m 이상의 깊이에서는 일축압축강도의 분포 폭이 일정해짐을 알 수 있다.

한편 그림 1.42(b)는 일축압축시험 결과로부터 산정된 비배수전단강도($c_u = q_u/2$)의 분포를 나타낸 것이다. 비배수전단강도는 0.0025~0.761kg/cm²의 범위에 분포하며, 평균값은 0.117kg/cm² 정도를 보인다. 깊이에 따른 경향은 일축압축강도의 분포와 동일한 경향을 나타낸다.

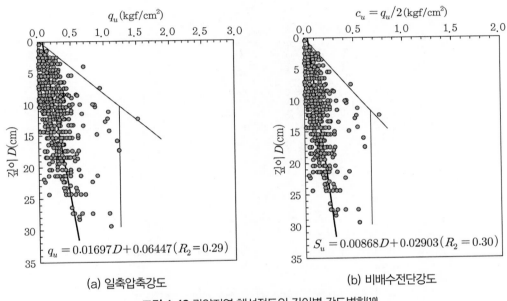

(a) 일축압축강도   (b) 비배수전단강도

그림 1.42 광양지역 해성점토의 깊이별 강도변화[10]

예민비(sensitivity, S_t)는 불교란시료의 일축압축강도 q_u와 교란시료의 일축압축강도 q_{ur}의 비로 Terzaghi에 의하면 예민비가 1 이상인 것을 예민점토라고 하며, 예민비가 8 이상인 점토는 초예민점토라고 분류한다.

Roenqvist(1953)는 예민비에 따른 점토의 분류를 8종으로 구분하였으며, 예민비가 2~4인 점토를 보통 예민점토, 예민비가 4~8인 점토를 매우 예민한 점토, 예민비가 8 이상의 점토는 quick clay, 64 이상인 점토를 extraquick clay라고 분류한다. 예민비가 높은 점토는 비예민점토와 흙의 구조, 광물조성, 입도분포가 현저하게 다른 것은 아니며, 입경이 적은 판상의 입자로 구

성되어 있다.[37]

그림 1.43은 광양지역 해성점토의 심도에 따른 예민비의 분포를 도시한 그림이다. 그림 1.43으로부터 예민비는 1.2~16.85의 범위에 분포하고 있어 자료의 분산이 큰 것으로 나타났다. 광양지역 해성점토의 평균예민비는 5.23으로 Roenqvist(1953)의 분류에 의하면 매우 예민한 점토에 속한다고 할 수 있다.[37]

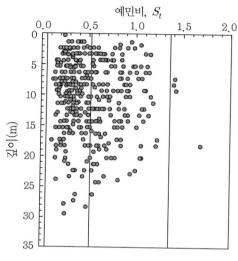

그림 1.43 깊이에 따른 예민비의 변화[10]

한편 파괴 시 축변형률은 시료의 교란도 특성파악에 이용되며, 일반적으로 자연시료의 강도시험 시 파괴변형률은 6% 이내다. 파괴 시 변형률이 6% 이내의 시료를 보통등급으로 분류하며, 양호한 자연시료의 경우 파괴변형률의 범위는 2~4%이다.

Lunne et al.(1997)은 일축압축 파괴변형률에 의한 시료등급을 표 1.14와 같이 5등급으로 구분하였다.

표 1.14 파괴변형률에 의한 시료의 교란도

파괴변형률(%)	2 이하	2~4	4~6	6~15	15 이상
시료등급	1등급(매우 양호)	2등급(양호)	3등급(보통)	4등급(불량)	5등급(매우 불량)

그림 1.44(a)는 일축압축시험 결과로부터 산정된 변형계수 E_{50}의 분포를 나타낸 것으로, 전반적으로 10m 깊이까지는 깊이가 깊어짐에 따라 변형계수 E_{50}가 증가하는 경향을 보이고 있다. 광양지역 해성점토의 평균 변형계수 E_{50}는 13.88kgf/cm²로 분석되었다. 즉, 변형계수 E_{50}는 0.45~54.29kgf/cm²의 범위에 분포하고 있으며, 변형계수는 시료의 교란 정도에 따라 크게 영향을 받으므로 분산의 범위가 크게 나타났다. 깊이와 변형계수 E_{50}의 선형관계식은 $E_{50} = 0.5781D + 6.8357 \times (R^2 - 0.14)$(여기서, D는 깊이)로 깊이에 따라 0.5781의 기울기로 증가하는 경향을 나타내었다.

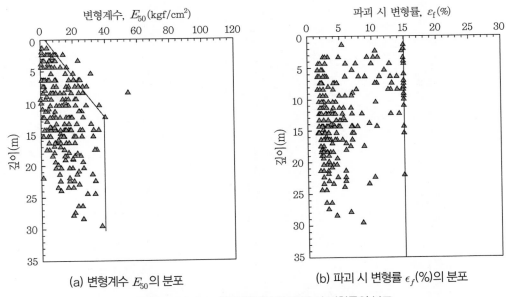

(a) 변형계수 E_{50}의 분포   (b) 파괴 시 변형률 ϵ_f(%)의 분포

그림 1.44 깊이에 따른 변형계수와 파괴 시 변형률의 분포

그림 1.44(b)는 일축압축시험 결과 깊이에 따른 파괴 시 변형률 ϵ_f(%)의 변화를 도시한 그림으로, 깊이에 따라 파괴 시 변형률 ϵ_f(%)는 약간 감소하는 경향을 보이고 있다. 즉, 시료의 파괴 시 변형률 ϵ_f(%)은 1.6~15%(평균 5.65%)의 범위로 나타났다. 전반적으로 보면 변형률 6% 이상의 시료가 다수 있는 것으로 조사되었다. 따라서 일축압축 시험에 의한 비배수전단강도 산정 시에는 시료의 교란도를 고려해야 한다.

(2) 비배수전단강도와 강도증가율

그림 1.45는 비압밀비배수(UU) 삼축압축시험에서 측정된 비배수전단강도 c_{uu}의 깊이에 따른 변화를 보여준다. 측정 결과 자료의 분산도가 비교적 크게 나타나고 있지만 깊이가 깊어짐에 따라 비배수전단강도가 증가하는 경향을 확실히 알 수 있다. 이 그림으로부터 광양지역 점토의 비배수전단강도 c_{uu}는 0.007~0.81kgf/cm의 범위에 분포하고 있으며 평균 비배수전단강도는 0.153kgf/cm²으로 나타났다. 깊이(D)와 비배수전단강도(c_{uu})와의 선형관계식은 $c_{uu} =$ 0.00859+0.06248로 나타났다.

한편 그림 1.46은 압밀비배수(CU) 삼축압축시험 결과 산정된 깊이에 따른 유효마찰각 ϕ'의 분포를 나타낸 것으로 측정 결과의 분산이 다소 있지만, 깊이에 따라 비교적 일정한 경향을 보이고 있다.

그림 1.46으로부터 유효응력으로 구한 내부마찰각 ϕ'은 13.4~38.2°로 평균 23.4°로 나타났으며, 전응력으로 구한 내부마찰각 ϕ는 6.61~32.1°(평균 17.5°)로 조사되었다.

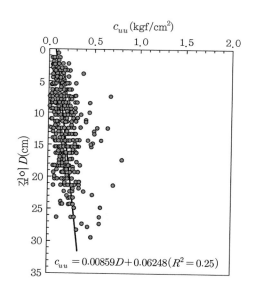

그림 1.45 UU 삼축시험 결과에 의한 비배수전단강도

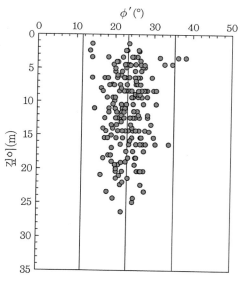

그림 1.46 CU 삼축시험 결과에 의한 유효마찰각

그림 1.47에 도시된 강도증가율은 Skempton의 제안식($m = c_u/P = 0.11 + 0.0037PI$, Hansbo의 제안식($m = c_u/P = 0.0045LL$)과 압밀비배수 삼축압축시험 결과 유효마찰각을 이용하는

방법($m = \sin\phi' / (1 + \sin\phi')$)으로부터 산정하였다.

그림 1.47과 같이 전체적으로 보면 깊이에 따른 강도증가율은 일정한 경향을 보이고 있으며, 각 방법별로 다소 차이를 보이고 있다.

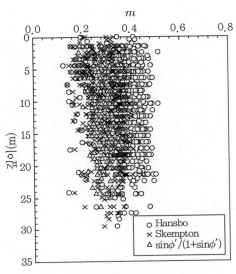

그림 1.47 깊이에 따른 강도증가율의 변화

각 방법에 의한 광양지역 점토의 평균강도증가율은 0.299(Skempton), 0.359(Hansbo), 0.282 (ϕ' 방법)로 나타났다. 3가지 방법 중에서는 Hansbo의 제안식에 의한 방법이 가장 크게 평가되는 것으로 나타났다. 이는 광양지역의 해성점토가 대부분 액성한계 50% 이상의 고소성을 나타내기 때문이며, Hansbo의 방법은 일반적으로 저소성 점토에 대해서는 과소평가되는 것으로 알려져 있다.

(3) 현장베인시험 결과

그림 1.48(a)는 불교란지반에 대한 현장베인시험에서 측정된 깊이에 따른 비배수전단강도의 분포를 나타낸 것이고, 그림 1.48(b)는 현장베인시험에서 측정된 비배수전단강도 $S_{u,vane}$ 을 Bjerrun(1972)이 제안한 방법에 의해 보정한 수정 비배수전단강도 $S_{u,corrected\,vane}$ 의 분포를 나타낸 그림이다.

베인시험 결과 비배수전단강도와 수정 비배수전단강도는 측정 결과에 다소 분산이 있지만, 깊이가 증가함에 따라 비교적 선형적으로 증가한다는 것을 알 수 있다. 분석에 이용된 현장베인시험 자료의 수는 1,000여 곳에서 불교란상태 및 교란상태에서 시험한 측정값을 이용하였다.

그림 1.48(a)에서 보는 것과 같이 깊이에 따른 비배수전단강도의 관계식은 $S_{u,vane} = 0.01154D + 0.03262 (R^2 = 0.42)$로 나타났으며, 평균 비배수전단강도는 0.143kgf/cm^2으로 일축압축시험 결과보다 22% 정도 크게 평가되었다.

그림 1.48(b)에 도시된 수정 비배수전단강도는 깊이에 따라 0.00875의 기울기로 증가하는 것으로 나타났으며, 비배수전단강도의 증가기울기는 일축압축시험 및 삼축압축시험에서 구한 결과와 유사한 것으로 나타났다. 수정 비배수전단강도의 평균값은 0.113kgf/cm^2으로, 일축압축시험에 의한 비배수전단강도($c_u = q_u/2$)인 0.117kgf/cm^2와 거의 같게 나타났으나 UU 삼축압축시험 결과보다는 26% 정도 작게 평가되었다.

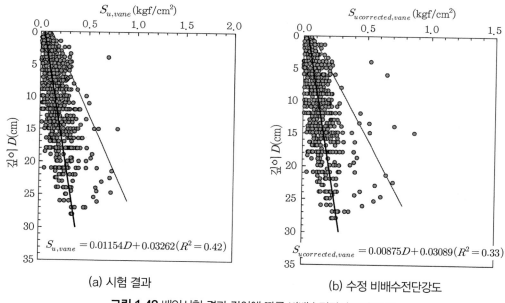

(a) 시험 결과   (b) 수정 비배수전단강도

그림 1.48 베인시험 결과 깊이에 따른 비배수전단강도의 변화

1.4.3 입밀특성

(1) 압축지수와 팽창지수

그림 1.49는 표준압밀시험 결과로부터 산정된 깊이에 따른 압축지수(C_c)와 팽창지수(C_s)의 변화를 나타낸 그림이다.[10] 이 그림으로부터 깊이에 따른 압축지수와 팽창지수는 자료의 분산이 있기는 하지만 깊이에 따라 일정한 경향을 보인다고 할 수 있다.

압축지수는 0.2~2.381의 범위에 걸쳐 분포하고 있으며, 압축지수의 평균값은 1.138 정도로 나타났다. 한편 팽창지수는 0.014~0.2225의 범위 내에 분포하고 있으며, 평균 팽창지수는 0.104로 평균 압축지수의 1/13 정도로 나타났다.

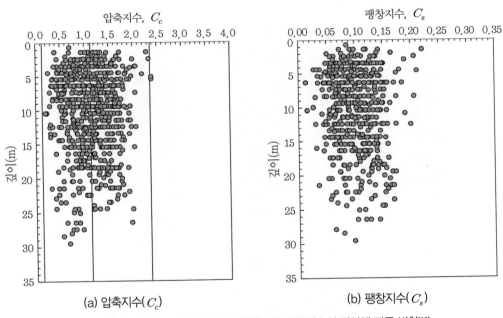

(a) 압축지수(C_c)   (b) 팽창지수(C_s)

그림 1.49 표준압밀시험에 의한 압축지수와 팽창지수의 깊이에 따른 변화[10]

(2) 선행압밀응력과 과압밀비

그림 1.50(a)는 압밀시험 결과로부터 산정된 깊이에 따른 선행압밀응력(P_c)의 변화를 나타낸 그림으로, 깊이가 깊어짐에 따라 선행압밀압력이 증가하는 경향을 나타낸다. 표준압밀시험 결과 깊이(D)와 선행압밀응력(P_c)의 선형관계식은 $P_c = 0.01562D + 0.08464$로, 선행압

밀응력은 0.05～3.2kgf/cm²의 범위에 분포하고 있다.

그림 1.50(b)는 표준압밀시험 결과 구한 과압밀비(OCR)의 깊이에 따른 분포를 나타낸 그림으로, 깊이가 깊어짐에 따라 과압밀비가 지수함수식($y = y_0 + e^{-bx}$)의 형태로 감소하고 있다. 깊이 4m 이내에서는 전반적으로 과압밀비가 2 이상의 값을 나타내고 있어 과압밀 상태에 있는 것으로 나타났다.

반면 깊이 16m 이하에서는 대부분 1 이하의 과압밀비를 보이고 있다. 평균과압밀비는 1.318로 나타났으며 깊이와 OCR의 상관관계식은 $OCR = 0.9239 + 4.73e^{-0.5261D}(R^2 = 0.49)$로 표현된다. 깊이와 과압밀비의 상관관계는 선형 상관관계식 등 다른 관계에 비하여 결정계수가 크게 나타나 지수감소 함수식으로 표현하였다.

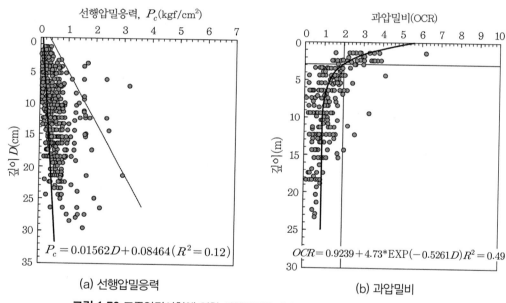

(a) 선행압밀응력   (b) 과압밀비

그림 1.50 표준압밀시험에 의한 선행압밀응력과 과압밀비의 깊이에 따른 변화

(3) 압밀계수와 투수계수

광양지역 점토층의 수직방향 압밀계수는 대부분 0.0001～0.01cm²/sec의 범위에 속하고 있다.[10] 일반적으로 수직방향 압밀계수는 선행압밀응력 부근에서 급격하게 감소했다가 그 후 일정하게 된다고 알려져 있다. 즉, 평균 수직방향 압밀계수는 압밀응력 1.6kgf/cm²까지는 압밀응력 증가에 따라 감소하지만 그 이후부터는 비교적 일정한 경향을 나타낸다.

연약지반에 연직배수공법 등의 압밀촉진공법을 적용하게 되면 점토지반 내에서의 압밀수 흐름은 수평방향으로 이루어진다. 점토의 투수성은 일반적으로 이방성을 가지고 있으므로 수직방향과 수평방향의 압밀계수는 차이를 나타난다. 연약점토지반에서 수평방향 압밀계수는 연직배수공법으 배수재 설계 시 중요한 설계정수이므로 실내에서 방사형 압밀시험과 현장에서 과잉간극수압 소산시험을 실시하여 구하게 된다.

광양지역 해성점토의 수평방향 압밀계수는 0.0003~0.02cm²/sec의 범위에 속하는 것으로 나타났다.[3] 즉, 광양지역 연약점토층의 경우 0.8~3.2kgf/cm²의 압밀응력에서 평균 수직 및 수평방향 압밀계수의 비(C_h / C_u)는 2.4~7.3 정도로 압밀응력에 따라 차이가 있는 것으로 나타났다.[10]

한편 압밀응력에 따른 수직방향 투수계수의 변화는 0.1kgf/cm²의 압밀응력에서는 압밀응력의 증가에 따라 수직투수계수는 선형적으로 감소하는 경향이 있다. 점토층의 수직방향 투수계수는 대부분 $1×10^{-9}$-$2×10^{-6}$cm/sec의 범위에 속하고 있다.

압밀시험 결과[3] 0.1~6.4kgf/cm²의 압밀응력 범위에서 평균 수직 및 수평방향 투수계수의 비(k_h / k_v)는 1.7~2.8 정도로 나타났다.

1.4.4 개량지반의 물리적 특성

지반개량은 지반의 침하, 지지력 및 안정성에 관한 문제에 대하여 지반능력을 향상(전단특성, 압축성 및 투수성의 개선 등)시키기 위해 이에 적절한 대책을 수립하는 데 목적이 있다.

광양제철소 부지 중 토질특성을 분석하기 위한 대상 지역으로 1기 원료 야드를 선정하였다.[14] 이 지역의 북측은 수로를 경계로 제철소 연관단지와 인접하고 있으며, 동측은 호안으로 조성되어 있으나 향후 제철소 부산물인 슬래그를 매립하기 위한 투기장으로 계획되어 있다.

본 연구 대상 지역에 적용한 S.C.P. 공법 및 S.D. 공법은 모두 압밀을 급속히 진행시키는 공법이므로 현저한 토성의 변화가 예상된다.

상부모래층이 분포하는 구간은 S.D.를 타설하였고, 그 하부의 중부 점성토층에는 D.L.-20m까지는 S.C.P.를 타설하였으나 D.L.-20m 하부는 무처리 지반으로 미개량되었다.

이와 같이 S.D.와 S.C.P.를 타설한 후 압밀을 촉진시키기 위해 상재하중 성토를 하고 연약지반 개량설계를 위한 사전조사부터 Pre-load 철거 전 조사까지 단계별로 개량효과를 판단하기 위한 체크보일링(check boring)을 실시하였다. 그러나 본 서적에서는 개량지반의 효과만을 검토하기 위해 S.D. 공법과 S.C.P. 공법을 모두 적용하여 타설한 구간에서의 자료만을 인용하기로 한다.

따라서 표 1.15에 정리된 바와 같이 S.D. 공법와 S.C.P. 공법을 모두 적용하여 지반을 개량한 구간을 대상으로 단계별로 토질시험 결과에서 얻어진 각종 자료를 활용하여 흙의 물리적 특성변화 상태를 시기별, 심도별로 분석한다.

표 1.15 개량지역의 N치 변화[14]　　　　　　　　　　　　　　　　　　　　(단위: 표준관입시험(SPT) 타격회수)

구분	원지반		타설 직후		압밀방치 중(U50%)		압밀방치 중(U90%)	
	상부모래층 S.D. 타설구간	중부점토층 S.C.P. 타설구간	상부모래층 S.D. 타설구간	중부점토층 S.C.P. 타설구간	상부모래층 S.D. 타설구간	중부점토층 S.C.P. 타설구간	상부모래층 S.D. 타설구간	중부점토층 S.C.P. 타설구간
평균	6.8	5.5	12.2	5.3	26.9	8.0	26.7	9.8
표준편차	6.0	4.2	10.1	6.4	16.2	5.5	17.9	9.3
최솟값	0.0	0.0	0.0	0.0	0.0	1.0	1.0	0.0
최댓값	23.0	14.0	45.0	24.0	64.0	24.0	74.0	47.0

(1) N치

여기서는 개량지반의 물리적 특성을 분석하기 전에 지반개량 단계별(원지반, 모래말뚝 타설직후, U50% 압밀단계, U90% 압밀단계)로 실시 된 지반개량 결과 중 N치의 변화 상태를 먼저 분석해보기로 한다.

이 결과를 N치의 평균치 및 최대치와 최소치의 범위로 각 시공단계별로 정리하면 표 1.15 및 그림 1.51과 같다. 먼저 모래다짐말뚝 타설지역에서의 지반개량 정도는 그림 1.51과 같다. 즉, 그림 1.51은 원지반의 N치 조사 결과 및 지반개량 단계별 N치의 변화를 도시한 결과이다.

그림 중 깊이 D.L.+0m의 위치는 원지반면의 표고를 의미하며 D.L.+5m까지는 준설매립층의 표고를 나타낸다. 지반개량심도는 D.L.-20m 심도까지이고 D.L.-11m 심도까지는 모래 또는 실트질 모래층이며 D.L.-20m 하부는 실트질 점토 등 세립의 성분이 많은 연약층으로 되어 있다. 모래다짐말뚝 타설 직후 N치는 상부모래층 및 하부점토층 모두 상당히 증가하였다. 이는 샌드드레인(SD) 및 모래다짐말뚝(SCP) 시공 시의 진동이 이 지역의 느슨한 토질을 상당부분 다져주었기 때문으로 생각된다.

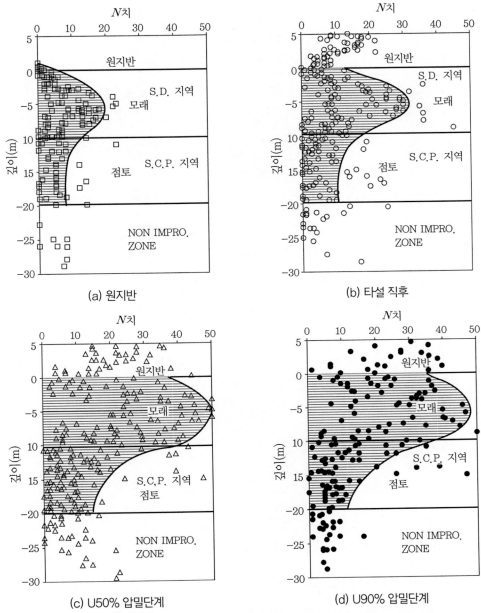

그림 1.51 S.D.+S.C.P. 타설지역에서 지반개량 단계별 깊이에 따른 N치의 분포[6]

한편 U50%의 경우는 N치가 더욱 증가하였음을 보여주고 있다. 이는 압밀 진행에 따른 지반강도 증가에 기인한다고 할 수 있다. 그러나 U90%의 경우 U50%와 대략 비슷한 경향을 보여 U50% 이후의 지반강도 증가는 그다지 현저하지 못하였음을 알 수 있다.

이 그림에서 알 수 있는 바와 같이 N치는 동일 심도에서도 분산도가 크므로 주요 최대치를 포함하는 포락영역을 그림 중에 표시하였다. 이 구간에서는 D.L.-11m, 즉 상부모래층은 SD로 시공하고 D.L.-11~20m 사이의 연약점토층만 모래다짐말뚝으로 시공하였다.

그림 1.51(a)의 원지반의 N치 조사 결과에 의하면 상부 모래층은 D.L.-5m 심도에서 제일 큰 N치(22 정도)가 측정되고 하부 연약점토층은 대략 8 이하의 N치가 조사되었다. 이러한 연약지반에 지반개량공사 실시로 인하여 N치가 상당히 향상되고 있음을 알 수 있다.

그림 1.52에서 보는 바와 같이 N치(평균값)는 시공 과정에 따라 점진적으로 증가하고 있으나 U50%의 압밀도 이후에는 N치의 증가 효과가 크지 않음을 알 수 있다. 그러나 상부모래층에서는 N치의 증대효과가 현저하게 나타내고 있다.

상부모래층에서 평균 N치 값으로 비교하면 원지반 상태에서 6.8인 N치가 지반개량 후에는 26.7로 증가하여 약 4배가 되었음을 알 수 있다.

그러나 중부점토층에서는 N치가 증가되기는 하였으나 증가율은 그다지 크지 못하였다. 즉, 그림 1.52(b)에서 보는 바와 같이 원지반 상태에서 평균 N치가 5.5였으나 지반개량 후 9.8로 약 2배가 되어 모래층에서의 증가율의 약 반에 해당하였다.

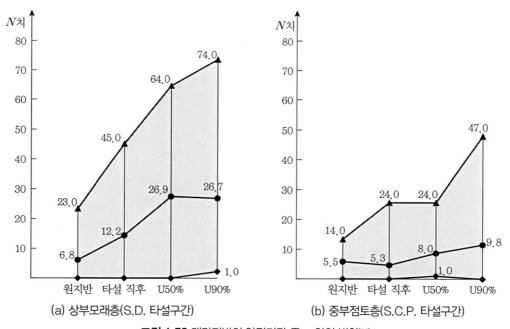

(a) 상부모래층(S.D. 타설구간)   (b) 중부점토층(S.C.P. 타설구간)

그림 1.52 개량지반의 압밀기간 중 N치의 변화[14]

(2) 함수비

S.D. 공법과 S.C.P. 공법을 모두 적용한 개량지반에서 압밀이 진행되면서 흙의 물리적 특성 변화가 대표적으로 일어나는 함수비(W_n)의 변화에 대하여 분석하면 표 1.16과 그림 1.53에서와 같이 분산 폭은 크나 전체적으로 압밀배수에 의하여 압밀기간 동안 함수비는 점차 감소하게 된다.

표 1.16 개량지반의 압밀기간 중 함수비 변화[14]
(단위: 함수비(%))

구분	원지반		타설 직후		압밀방치 중(U50%)		압밀방치 중(U90%)	
	상부모래층 S.D. 타설구간	중부점토층 S.C.P. 타설구간	상부모래층 S.D. 타설구간	중부점토층 S.C.P. 타설구간	상부모래층 S.D. 타설구간	중부점토층 S.C.P. 타설구간	상부모래층 S.D. 타설구간	중부점토층 S.C.P. 타설구간
평균함수비 (%)	30.1	45.9	29.1	47.9	26.6	42.4	26.2	43.0
범위(%)	17.8~52.9	18.3~64.5	12.9~69.4	14.3~65.8	12.5~54.3	15.1~67.9	11.6~57.2	16.3~58.9

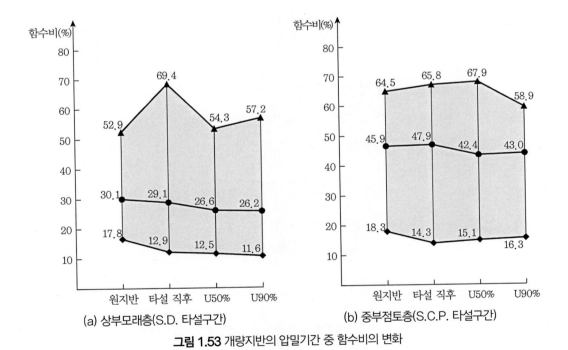

(a) 상부모래층(S.D. 타설구간)   (b) 중부점토층(S.C.P. 타설구간)

그림 1.53 개량지반의 압밀기간 중 함수비의 변화

함수비도 표 1.15의 N치와 같이 원지반 상태, 모래다짐말뚝의 타설 직후 U50% 및 U90%의 네 단계로 구분하여 함수비를 측정하여 변화를 검토하였다.

개량지반에서 원지반 상태일 때 평균함수비는 30.1%였으나 압밀도 U90% 시점에서는 26.2%로 평균 4% 정도의 감소효과가 있었다. 분산폭의 변화도 거의 없으므로 모래층에서는 지반개량에 의한 함수비의 개량효과는 크다지 않은 것으로 판단된다.

D.L.-11m 이하에서 S.C.P. 공법으로 개량된 중부점토층은 원지반 상태에서 평균함수비는 45.9%이며 U90% 조사 시기에는 43%로 약 2.9% 감소되었다. D.L.-11m 상부의 모래층에서 S.D.로 개량된 구간과 D.L.-11m 이하에서 S.C.P.로 개량된 점토층에서 함수비의 감소효과 차이는 별로 없는 것으로 나타났다.

그러나 점토층에서 최대함수비는 65% 정도였으므로 평균함수비 45%와 비교하면 함수비는 20%의 감소 효과를 보이므로 압밀에 의한 간극수압의 소멸은 모래다짐말뚝에 의하여 수평배수가 원활히 이루어지고 있었음을 알 수 있다.

(3) 단위체적중량 및 간극비

일반적으로 지반개량에 의하여 압밀이 진행되면서 점성토 지반에서는 간극수의 배출로 인하여 표 1.17과 그림 1.54에 나타난 바와 같이 단위체적중량은 증가하고 간극비는 점차 감소한다.

개량구간에서 원지반의 단위체적중량은 평균 1.67t/m³으로 예상압밀도 U90% 시점에서의 1.71t/m³과 비교하면 0.04t/m³ 증가하여 약 2%의 개량효과가 발생하였다.

간극비는 원지반 상태 1.52보다 선행하중 재하 시 제거시점인 U90% 시기에 1.33으로 14%의 간극비가 감소되어 간극비 감소에 따라 단위체적 중량의 증가는 약 1/7에 해당함을 알 수 있다.

표 1.17 개량지반의 압밀기간 중 중부점토층의 단위체적중량 및 간극비의 변화[14]

구분		원지반	타설 직후	압밀방치 중(U50%)	압밀방치 중(U90%)
단위체적중량 (t/m³)	평균	1.67	1.69	1.71	1.71
	범위	1.57~1.87	1.55~1.86	1.60~1.92	1.58~1.94
간극비	평균	1.52	1.47	1.31	1.33
	범위	0.91~1.91	0.49~1.68	0.79~1.65	0.97~1.64

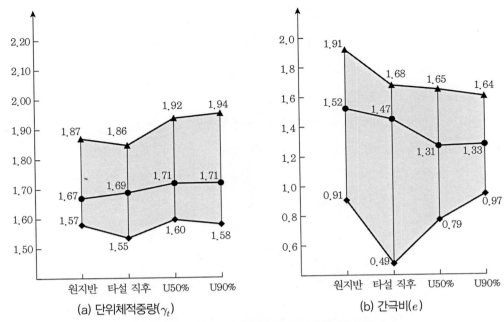

(a) 단위체적중량(γ_t) (b) 간극비(e)

그림 1.54 개량지반의 압밀기간 중 중부점토층의 특성 변화

1.4.5 개량지반의 강도특성

(1) 강도증가율

표 1.18과 그림 1.55는 모래다짐말뚝으로 타설된 지역에서의 일축압축강도(q_u)로 도시한 개량지반의 강도 변화이다. 이 그림에 의하면 개량지반의 일축압축강도는 심도가 깊어짐에 따라 직선적으로 증가하여 타설 직후, 원지반, 압밀방치 중(U50%), 압밀방치 중(U90%)의 순으로 증가하는 경향을 보이고 있다.

표 1.18 개량지반의 일축압축강도의 변화[14]

구분	원지반		타설 직후		압밀기간 중(U50%)		압밀기간 중(U90%)	
	S.C.P. 구간	무처리	S.C.P. 구간	무처리	S.C.P. 구간	무처리	S.C.P. 구간	무처리
평균	0.78	1.26	0.75	1.02	1.13	1.17	1.37	1.45
표준편차	0.29	0.49	0.18	0.23	0.35	0.26	0.36	0.43
최솟값	0.24	0.21	0.50	0.52	0.57	0.76	0.58	0.78
최댓값	1.55	2.98	1.38	1.86	2.30	1.81	2.03	2.78
기울기	$q_u = 0.1 + 0.05z\,(\mathrm{kg/cm^2})$		$q_u = 0.0 + 0.05z\,(\mathrm{kg/cm^2})$		$q_u = 0.2 + 0.05z\,(\mathrm{kg/cm^2})$		$q_u = 0.4 + 0.05z\,(\mathrm{kg/cm^2})$	

즉, 모래다짐말뚝을 설치한 직후는 강도가 약간 감소하고 시간 경과에 따라 강도가 압밀 완료 시까지 점차 회복되어 점진적으로 증가되고 있음을 알 수 있다. 이러한 경향은 모래다짐 말뚝이 시공된 구간뿐만 아니라 그 하부의 지반에서도 동일하게 나타나고 있다.

D.L.-10~20m 구간에서 선행하중 재하 시 제거 전(U90%)의 일축압축강도는 13.7t/m³으로 원지반상태의 7.8t/m³과 비교할 때 약 1.8배의 강도가 증가하였으나 모래말뚝 타설 직후의 강도가 원지반상태보다 약 0.3t/m³ 저감되었다.

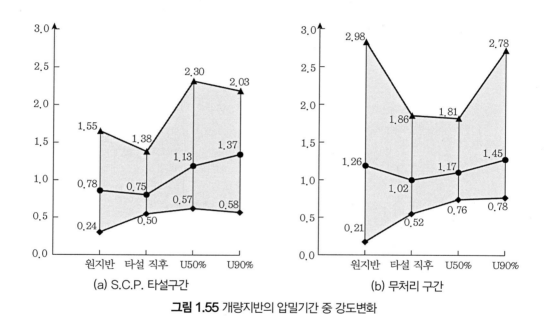

그림 1.55 개량지반의 압밀기간 중 강도변화

모래다짐말뚝 타설 직후 강도의 감소 현상은 모래다짐말뚝 설치 시의 진동으로 인하여 주 변지반의 교란에 의한 것으로 생각되며, 이 간극수압의 소멸에 의하여 점차 강도가 증가되는 것으로 판단된다.

(2) Skempton 이론과 전단강도 증가의 관계

Skempton은 흐트러지지 않은 점토의 비배수전단강도와 아터버그한계와는 상관관계가 있 는 것으로 제시한 바 있다. 그 밖에도 여러 학자들은 비배수전단강도와 아터버그한계와의 상 관관계를 조사한 바 있다. 그러나 이들 연구들은 상관경향이 판이하게 다른 경우도 종종 보고되고 있다.

우리나라 해저 퇴적점토는 대부분 정규압밀점토이며 예민비가 높지 않고, 흐트러진 시료로부터 아터버그한계 시험으로 소성지수(PI)를 구한다. 강도증가율과의 관계식을 이용하여 비배수전단강도를 추정하면 흐트러지지 않은 시료채취에 의하여 강도시험을 실시하지 않아도 비배수전단강도를 얻을 수 있다.

이러한 비배수전단강도 추정법을 활용하기 위해서는 강도증가율과 소성지수와의 관계식이 먼저 연구되어야 한다. 기존에 여러 관계식이 제시된 바 있으나 이 관계식은 각 지역의 지반특성에 따라 다른 특성을 가질 수 있다.

광양지역에서 소성지수 증가에 따른 강도증가율을 도시하면 $c_u/p_0 = 0.3 + 0.0074 PI$의 관계식이 성립되어, Skempton이 제시한 경험 제안식 $c_u/p_0 = 0.11 + 0.0037 PI$과 비교해보면 약 2.2배의 차이를 보인다.

기 연구된 논문을 참고로 할 때 표 1.15에 정리된 것처럼 낙동강 지역(이윤우, 1984)[6]에서는 $c_u/p_0 = 0.448 + 0.001 PI$, 서·남해안 지역(이양상, 1992)[16]에서는 $c_u/p_0 = 0.75 + 0.0092 PI$로 제안되었으며, 본 연구지역인 광양지역에서는 $c_u/p_0 = 0.3 + 0.0074 PI$의 관계식이 성립하므로 Skempton의 경험식과 표 1.19와 같이 $c_u/p_0 ≒ 0.01 \sim 0.51$의 편차가 있다.

표 1.19 Skempton에 의한 강도증가율의 관계식과 실험식의 비교[14]

소성지수 PI(%)	Skempton 경험식	낙동강 지역	서·남해안	광양만지역	편차(Max~Min)
10	0.15	0.46	0.66	0.37	0.22~0.51
20	0.18	0.47	0.57	0.45	0.27~0.39
30	0.22	0.48	0.48	0.52	0.26~0.30
40	0.26	0.49	0.38	0.60	0.12~0.34
50	0.30	0.50	0.29	0.67	0.01~0.37

Berre & Bjerrum은 일반적으로 소성지수(PI)의 증가에 따라 C_u/P_o도 증가한다고 제안하였다. 그러나 서·남해안 지역에서는 소성지수가 증가되면 강도증가율이 작아지지만 낙동강과 광양지역은 소성지수가 증가할수록 강도증가율이 증가되는 상반된 경향을 보이고 있다.

광양지역의 해성점토는 소성지수(PI)가 20~45% 내외이며 PI가 큰 시험자료가 없으므로 직선식을 추정하는 데는 무리가 있다. 그러나 대체로 표 1.15에서 보는 바와 같이 3개 지역에서 소성지수가 23~32% 범위 내에서는 동일한 직선식을 나타내고 있다.[14]

(3) 함수비와 전단강도의 유일함수 관계

Rutledge는 정규압밀 점토의 함수비는 압밀 중의 압밀응력 σ_{1c}'에 의존하며 비배수전단강도도 함수비와 유일함수 관계에 있으므로 $e - \log P$ 곡선상에서 정규압밀 영역의 압밀특성선과 일축압축시험($(\sigma_1 - \sigma_3)_{max}$) 시의 강도특성선을 구하여 압밀 후의 함수비선에 대응하는 비배수전단강도를 산정할 수 있다고 하였다.

전단강도와 함수비의 상관관계를 확인하기 위해 토질시험에서 구한 함수비와 일축압축강도를 도시해보면 그림 1.56에서와 같이 직선식을 얻을 수 있다.

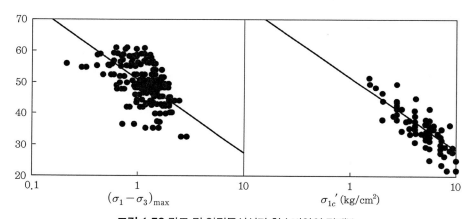

그림 1.56 강도 및 압밀특성선과 함수비와의 관계[6]

한편 그림 1.57에서 보는 바와 같이 삼축압축시험으로부터 구한 전단강도는 일축압축시험으로부터 구한 전단강도$(\sigma_1 - \sigma_3)_{max/2}$와 비교하면 약 6% 정도의 차이가 있다.

이러한 차이는 삼축압축시험과 일축압축시험의 시험 방법의 차이와 동일 위치에서 채취한 시료를 사용하지 않으므로서 인한 응력이력 조건의 차이로 생각된다.

그러나 일축압축강도 $(\sigma_1 - \sigma_3)_{max}$와 함수비($W_n$), 유효압밀응력 σ_{1c}'의 관계에서 전단강도와 함수비는 압밀응력 σ_{1c}'에 의존하며 유일함수 관계가 있음을 알 수 있다.

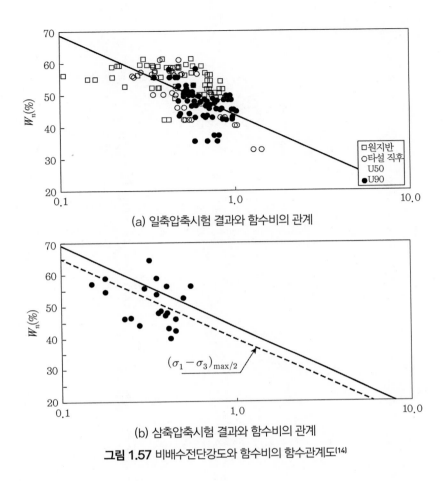

(a) 일축압축시험 결과와 함수비의 관계

$(\sigma_1 - \sigma_3)_{max/2}$

(b) 삼축압축시험 결과와 함수비의 관계

그림 1.57 비배수전단강도와 함수비의 함수관계도[14]

1.5 부산지역 해성점토의 특성

1.5.1 대상 지역

대상 지역은 행정구역상 경상남도 진해시 용원동 부산 신항만(북항) 가호안 지역에 해당하는 일대이다.[11] 조사부지의 서쪽은 욕망산 남쪽은 가덕도에 의해 둘러싸인 지형으로서 주조사지역은 해안 주변의 지역이다.[11]

본 지역은 부산 신항 가호안 축조공시에 따른 시공 전후(육상) 지반조사 결과를 이용하여 지층의 성층상태, 물리적 및 역학적 특성 등의 지반공학적 특성을 파악하고 지반개량을 위해 시공된 PBD 구간의 개량 정도 평가에 필요한 기초자료를 제공한다.[7] 지반조사는 시추조사,

원위치시험(현장베인시험, 피에조콘(Piezocone) 시험, 표준관입시험), 자연시료 채취 및 실내토질시험으로 파악하였다.

(1) 지질학적 특성

본 지역 일대의 지질은 중생대 백악기 화산암류인 안산암질화산각력암, 이를 관입한 각섬석화강섬록암 그리고 이들을 부정함으로 피복하고 있는 신생대 제4기 충적층으로 구성되어 있다.

본 연구지역은 부산광역시 강서구 송정동-진해시 용원동 전면해상으로 해저면 아래 지층 상태는 실트질 점토층, 모래층, 모래자갈층, 풍화암층 및 기반암층으로 구성되어 있다. 조사 위치가 다소 이격되어 있고 지층구성 상태도 차이를 보인다.[11]

(2) 토질특성

부산 신항 가호안 축조공사에 따른 시공 전후(해상) 토질특성을 조사하기 위해 시추조사, 원위치시험(현장베인시험, 표준관입시험, 피에조콘 시험), 자연시료채취 및 실내토질시험을 시행하였다.

이들 시험 결과를 토대로 가호안 시공 전후로 나누어 대상 지역의 지층특성을 파악하였다.[7,8] 먼저 가호안 시공 전 지층구조는 상부로부터 실트질 점토층, 모래층, 모래자갈층 풍화암층 및 기반암층으로 구성되어 있다.[7] 각 지층에 대한 특성을 설명하면 다음과 같다.

① 실트질 점토층

본 층은 부분적으로 패각, 실트 및 모래를 함유한 실트질 점토층으로 모든 조사지점에서 확인된다. 대단히 연약한(롯드자중관임 및 함마자중관입) 내지 연약한 암회색의 실트질 점토층은 해저면으로부터 D.L.-31.186~40.72m 심도까지 분포하고 있다. 일부구간에서 진녹회색을 띠는 실트질 점토층이 나타났다.

하부 실트질 점토층의 심도는 깊은 곳에서는 D.L.-60.79m과 D.L.-60.186m까지 나타났다. 채취된 시료의 실내시험 결과 전반적으로 'CH'로 분류되며 부분적으로 'CL', 'MH'로 분류된다.

특히 본 층에서는 2m 간격으로 자연시료를 채취하여 실내시험을 실시하였으며, 2m 사이의 지층은 굴진속도, 슬라임, 색조 등으로 구분하였다.

② 모래층

본 층은 부분적으로 소량의 패각을 함유하는 모래층으로 색조는 암회색, 황갈색으로 나타났다.

각 조사공별로 시추조사 결과를 상술하면 다음과 같다.

③ 모래자갈층

본 층의 색조는 암회색, 암녹색 및 황갈색으로 나타났다.

④ 풍화암층

본 층은 기반암이 원위치에서 풍화 및 변질되어 형성된 지층이다. 풍화대층의 풍화토층과 풍화암층의 경계는 표준관입시험 결과에 따라 N값 50회 타격 시 샘플러근입심도 15cm를 기준하였으며 근입심도 15cm 미만을 풍화암층으로 그 값 이상을 풍화토층으로 구분하였다.

⑤ 기반암층

본 층의 색조는 담회색을 나타내며, 코아회수율(C.R)은 100%, R.Q.D는 67%로 나타난다.

한편 가호안을 시공 구간의 시공 후 지층구조는 상부로부터 사석층, 모래층, 실트질 점토층, 자갈점성토층, 모래질 자갈층, 모래층으로 구성되어 있다.[8] 상부의 사석층 및 모래층은 가호안 시공을 위해 성토하여 생성된 지층이다. 각 지층에 대한 특성을 설명하면 다음과 같다.

① 사석층

본 층은 전 조사공에서 현지표면을 형성하며, 가호안 제체조성에 따라 인위적으로 성토된 사석층으로 나타난다. 두께는 6.6~7.7m의 범위로 확인되며, 사석크기는 10~300mm 내외로 나타났다.

본 층의 굴진을 위해서 드릴장비와 시추기를 병행하여 사용하였으며, 굴진 시 작업순환수의 누수현상이 관찰된다.

② 모래층

본 층은 연약지반 개량과 장비 진입을 위해 포설된 치환모래층으로 판단되며, 중립~조립 질의 비교적 균질한 모래로 구성되어 있다.

본 층은 사석층 직하부에서 4.5~5.7m의 두께로 분포되는 것으로 확인되었다.

표준관입시험 결과 N값은 13/30~38/30회 범위로 보통~조밀한 상대밀도 상태로 나타났다. 색조는 황갈색을 띤다.

③ 실트질 점토층

본 층은 조사공 지층 중에서 가장 두꺼운 두께로 확인되었다. 층 상부는 연약~중간 정도의 연경도를 보이는 반면, 층하부로 갈수록 매우 굳어지고, 조사공별 심도에 따라 조립토(모래, 잔자갈)가 박층(seam)으로 협재되기도 한다. 수평적인 연속성은 없는 것으로 인지되었다.

본 층은 D.L.-3.23~6.054m에서 D.L.-43.13~59.654m까지 39.9~48.6m의 두께로 분포하고 있다.

본 층에 대해서는 전술한 바와 같이 동일한 지층에서 심도에 따른 연경도의 뚜렷한 변화를 보이고 있다.

특히 본 지층의 중간 지점(D.L.-35.654~40.654m)에는 자갈질 점토층이 5.0m의 두께로 분포하고 있어, 이층을 경계로 실트질 점토층은 상부와 하부로 나뉘고 연경의 변화도 뚜렷하다.

④ 자갈질 점토층

본 층은 부분적으로 D.L.-35.654m 지점에서 5m의 두께로 분포하며, 부분적으로 패각과 잔자갈을 함유하는 점토층으로 구성된다. 색조는 암회색은 띤다.

⑤ 모래질 자갈층

본 층은 중조립질 모래에 자갈 및 점토가 섞인 양상이며, D.L.-48.884~59.654m 심도에서 1.5~2.6m의 두께로 확인되었다.

표준관입시험 결과 N값은 30/30~49/30, 50/22~50/13회의 범위로 매우 치밀한 상대밀도로 나타난다.

⑥ 모래층

본 층은 일부 시추공에서 확인되었으며, 본 층이 조사 목적상 최하부 지층으로 확인되었다.

중조립질의 균질한 모래로 구성되며, D.L.-48.884~59.654m 심도에서 1.5~2.6m의 두께로 확인되었다.

표준관입시험 결과 N값은 42/30, 50/21~50/10회의 범위로 매우 치밀한 밀도상태로 나타났다.

1.5.2 물리적 특성

부산 신항만 가호안 부지 해성점성토를 대상으로 실시된 함수비시험(KSF-2306), 비중시험(KSF-2308), 액성한계시험(KSF-2303), 소성한계시험(KSF-2304) 등의 물성시험 결과를 이용하여 물리적 특성을 분석하였다.[7] 토질시험은 퇴적층 중에서 상부에 분포하는 점토층을 대상으로 실시하였고 심도별 결과 분석은 D.L.(-m)을 기준으로 정기하였다

(1) 입도분포 및 토질분류

① 흙의 입도는 흙의 공학적인 성질과 밀접한 관계가 있고, 주로 흙의 분류와 흙의 공학적 성질을 판단하는 자료로 활용된다.

② 입도시험은 10개의 시료에 대해서 실시하였으며, 통일분류법에 의한 토질분류 결과 고소성 점토인 CH가 대부분이고 중소성 점투인 CL과 고압축성 실트인 MH도 분류되기도 한다.

③ 그림 1.58은 시공 전후의 토질시험 자료로 통일분류법에 의한 소성도를 나타낸 그림으로, 이곳 시료는 실트와 점토의 구분 경계인 A선의 상부에 분포한다. 그러므로 본 지역의 해성점성토는 무기질의 중소성 점토로 분류할 수 있다.

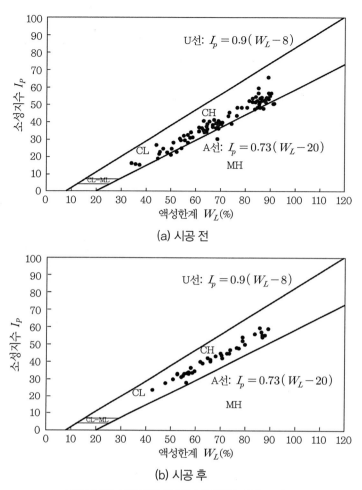

(a) 시공 전

(b) 시공 후

그림 1.58 시공 전후의 통일분류법에 의한 소성도

(2) 아터버그한계 및 컨시스턴시 특성

① 흙은 함수량에 따라 액성상태에서 소성상태, 반고체상태로 변화하는데, 각 한계상태의 함수비를 액성한계(W_L), 소성한계(W_p) 및 수축한계(W_s)라 하고 그 경계가 되는 함수비를 아터버그한계라고 한다.

② 아터버그한계는 대부분의 점토가 '자연함수비<액성한계' 관계를 보이며, 특히 상부 점토는 '자연함수비≒액성한계' 관계를 보인다. 공학적으로 불안정한 상태를 보이고 심도 35m 하부 점토는 연경지수가 0.6 이상으로 비교적 단단한 점토로 나타난다.

③ 시공 전후의 아터버그한계를 정리하면 표 1.16과 같다.

표 1.20 아터버그한계[7,8]

시공 전		
구분(%)	범위	평균
액성한계 W_L	34.4~91.6	69.9
소성한계 W_P	17.7~40.8	29.9
소성지수 I_P	15.2~65.5	40.0
시공 후		
구분	범위	평균
액성한계 W_L	43.1~89.4	67.9
소성한계 W_P	19.1~32.6	25.6
소성지수 I_P	24.0~59.7	42.4

그림 1.59는 시공 전후의 액성한계와 소성한계 사이의 상관관계를 도시한 그림이다. 우선 그림 1.59(a)를 살펴보면 시공 전의 본 시료의 액성한계와 소성한계 사이에는 비례관계가 있음을 알 수 있다. 이에 대한 추세선은 그림 1.59(a)에서 보는 바와 같이 평균적으로 $PL = 0.21 LL + 14$로 나타낼 수 있다.

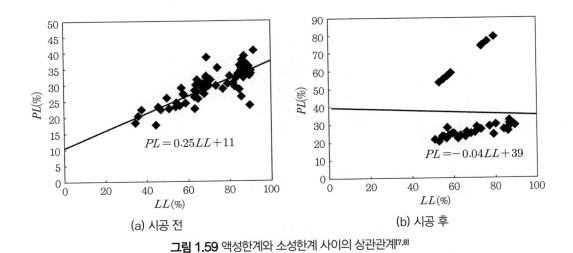

(a) 시공 전   (b) 시공 후

그림 1.59 액성한계와 소성한계 사이의 상관관계[7,8]

액성한계는 소성한계와 함께 흙의 물리적인 특성을 나타내며, 흙을 분류하는 데 이용된다. 액성한계의 결정은 액성한계 시험으로부터 얻은 유동곡선으로 구할 수 있다. 여기서 유동곡선의 기울기를 유동지수라고 하는데, 이는 소성한계 상태 흙의 전단강도를 나타내는 지수이다.

그리고 액성한계와 소성한계의 차를 소성지수라 하고, 이는 흙의 소성정도를 나타낸다. 점토의 소성지수가 클수록 소성한계에 있는 함수량의 범위가 크며, 소성지수의 크기는 점토의 함유율에 따라 다르다. 일반적으로 점토의 소성지수는 17보다 크고 모래의 경우에는 1 이하이다.

(3) 비중, 자연함수비, 단위중량, 간극비

① 시험에서 구한 흙 입자의 비중은 흙 입자의 단위체적당 평균 무게이고 흙을 구성하는 흙 입자의 개개의 비중은 아니다. 따라서 흙 입자의 비중은 흙의 조성광물에 따라 그 값이 다르게 나타난다.

② 시험 결과에서 확인된 점토의 비중은 2.643~2.733 범위이고 평균값은 2.708로 확인되었다. 시공 후에 확인된 점토의 비중은 2.625~2.725 범위이고, 평균값은 2.675로 확인된다.

③ 자연함수비(W_n), 간극비(e) 및 습윤단위중량(γ_t)은 흙의 2차 성질을 나타낸다. 즉, 유효응력의 변화 등의 외적조건에 의해 변화하는 물성치이다.

④ 지반이 압밀되어 밀도가 증가하면 자연함수비와 간극비는 감소하며 습윤단위중량은 증가하게 된다.

⑤ 점토는 압밀압력 및 입도구성에 따라 자연함수비와 간극비, 습윤단위중량의 변화가 뚜렷하게 나타난다. 시험 결과 확인된 점토층의 자연함수비와 간극비는 심도별로 다소 분포범위가 넓게 나타나는데, 이것은 심도별 퇴적된 점토의 흙의 구성 차이가 주원인으로 생각된다.

⑥ 시공 전후의 자연함수비, 간극비 및 습윤단위중량을 정리하면 표 1.21과 같다.

부산지역 해성점성토에 대한 시공 전후의 자연함수비와 단위중량 사이의 상관관계, 자연함수비와 초기간극비 사이의 상관관계는 다음과 같다.

표 1.21 자연함수비, 간극비, 및 습윤단위중량[7,8]

시공 전		
구분	범위	평균
자연함수비 W_n(%)	25.7~79.7	54.6
간극비 e	0.636~2.277	1.618
습윤단위중량 γ_t(tf/m³)	1.528~1.968	1.664
시공 후		
구분	범위	평균
자연함수비 W_n(%)	30.6~64.7	50.5
간극비 e	0.88~1.786	1.389
습윤단위중량 γ_t(tf/m³)	1.601~1.879	1.702

우선 그림 1.60은 본 해성점성토의 자연함수비와 단위중량 사이의 상관관계를 도시한 그림으로 시공 전후 모두 함수비가 증가함에 따라 단위중량은 감소함을 알 수 있다.

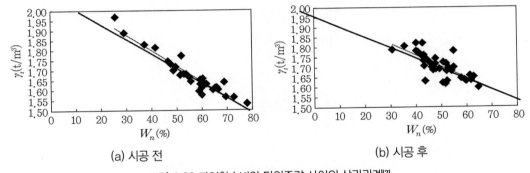

(a) 시공 전　　　　　　　　　　　　　　　　(b) 시공 후

그림 1.60 자연함수비와 단위중량 사이의 상관관계[7]

다음으로 그림 1.61은 시공 전후의 부산지역 해성점성토의 자연함수비와 초기간극비의 관계를 나타낸 것이다. 이 그림에서 보면 자연함수비와 초기간극비는 서로 비례관계가 있는 것을 알 수 있으며, 이 비례식을 나타내면 평균적으로 $e_0 = 0.027\,W_n$으로 나타난다.

이는 일본항만 설계기준식인 $e_0 = 0.0265\,W_n$과 비교해볼 때 아주 유사한 값을 보이는 것을 알 수 있다.[11]

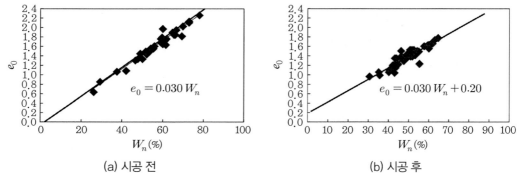

(a) 시공 전	(b) 시공 후

그림 1.61 자연함수비와 초기간극비 사이의 상관관계[11]

부산지역 해성점성토의 단위중량과 초기간극비의 사이에도 단위중량이 증가함에 따라 초기간극비가 감소하는 반비례 관계를 나타내고 있다. 송은수(2003)는 두물성치에 대한 추세선으로 $e_0 = -1.33\gamma_t + 3.45$의 관계식을 제시한 바 있다.[11]

한편 송은수(2003)는 부산지역 해성점성토의 초기간극비와 액성한계 사이의 상관관계를 도시한 그림으로 액성한계가 커짐에 따라 초기간극비도 증가하는 비례 관계를 나타낸 바 있다.[11] 두 물성치에 대한 추세선으로 $e_0 = 0.02LL + 0.3$과 같은 관계식을 제안하였다.[11]

1.5.3 강도특성

본 조사 지역의 지층은 앞 절에서 조사한 바와 같이 세 가지로 분류할 수 있다. 즉, CL층, MH층 및 CH층의 세 지층의 점토로 분류할 수 있다. 이들 지층에 대한 강도특성을 조사하면 다음과 같다.

(1) 축차응력 – 축변형률 관계

먼저 그림 1.62는 본 조사지역의 지층 점토인 CL층, MH층 및 CH층에 대한 압밀비배수 삼축압축시험 결과로부터 파악된 축차응력과 축변형률의 관계를 도시한 결과이다.[11]

우선 그림 1.52(a)는 본 조사지역의 CL층의 시험 결과를 대표적으로 나타낸 그림으로 축차응력($\sigma_1 - \sigma_3$)과 축변형률(ϵ_1)의 관계를 도시한 도면이다.

모든 CL층에 대한 시험 결과를 정리해보면 그림 1.62(a)에서 보는 바와 같이 최대축차응력은 구속압이 1kg/cm²일 경우 2.007~2.101kg/cm² 사이에 존재하고, 구속압이 2kg/cm²일 경우

$2.655 \sim 3.100 \text{kg/cm}^2$ 사이에 존재하며, 구속압이 3kg/cm^2일 경우 $3.656 \sim 4.796 \text{kg/cm}^2$ 사이에 존재하는 것으로 나타났다. 그리고 최대 축차응력이 발생되는 축변형률은 $6.50 \sim 16.80\%$이었다.[11]

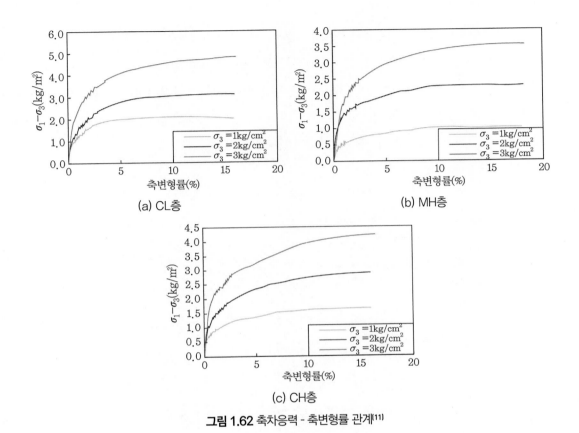

(a) CL층

(b) MH층

(c) CH층

그림 1.62 축차응력 - 축변형률 관계[11]

그림 1.62(b)는 MH층으로 분류된 점토에 대한 압밀비배수 삼축압축시험 결과를 나타낸 것으로 축차응력($\sigma_1 - \sigma_3$)과 축변형률(ϵ_1) 사이의 관계를 도시한 그림이다. 삼축압축시험 결과 구속압이 1, 2, 3kg/cm^2일 경우, 최대축차응력$(\sigma_1 - \sigma_3)_{\max}$의 대푯값은 각각 1.038kg/cm^2, 2.297kg/cm^2, 3.530kg/cm^2인 것으로 나타났으며, 이때의 최대축차응력이 발생되는 축변형률은 $14.98 \sim 16.79\%$인 것으로 나타났다.

끝으로 그림 1.62(c)는 CH층으로 분류된 점토에 대한 압밀비배수 삼축압축시험 결과로 파악된 축차응력($\sigma_1 - \sigma_3$)과 축변형률(ϵ_1)의 관계를 도시한 그림이다.

모든 CH층에 대한 삼축압축시험 결과를 정리해보면 최대축차응력은 구속압이 1kg/cm^2일 경우 $1.23 \sim 1.87 \mathrm{kg/cm^2}$ 그리고 구속압이 $2\mathrm{kg/cm^2}$일 경우 $1.91 \sim 3.02 \mathrm{kg/cm^2}$, $3\mathrm{kg/cm^2}$일 경우 $2.76 \sim 4.22\mathrm{kg/cm^2}$의 사이에 존재하는 것으로 나타났다. 그리고 이들 최대축차응력이 발생되는 축변형률은 $4.32 \sim 18.04\%$인 것을 알 수 있다.

최대축차응력 $(\sigma_1 - \sigma_3)_{max}$의 대푯값은 구속압 (σ_3)이 1, 2, $3\mathrm{kg/cm^2}$일 경우 각각 1.619, 2.870, $4.217\mathrm{kg/cm^2}$인 것으로 나타났으며 축변형률은 $11.63 \sim 16.54\%$인 것으로 나타났다.

본 조사지역의 지층 점토인 CL층, MH층 및 CH층에 대한 압밀비배수 삼축압축시험 결과로부터 모든 지층에서 구속압이 증가함에 따라 최대축차응력은 증가하는 것을 알 수 있다.

이상의 결과 각 지층에 대하여 파악된 최대축차응력과 축변형률의 관계를 요약·정리하면 표 1.22와 같다.

표 1.22 최대축차응력, 최대주응력비, 최대축변형률[11]

구분	구속압(kg/cm²)	최대축차응력 $(\sigma_1 - \sigma_3)_{max}$ (kg/cm²)	최대축차응력 시 축변형률 $\epsilon_{1,max}$(%)	최대주응력비 $(\sigma'_1/\sigma'_3)_{max}$	최대주응력비 시 축변형률 $\epsilon_{1,max}$(%)
CL층	1.0	$2.01 \sim 2.10$	$6.50 \sim 16.80$	$3.01 \sim 3.10$	$6.49 \sim 16.15$
	2.0	$2.66 \sim 3.10$		$2.33 \sim 2.55$	
	3.0	$3.66 \sim 4.80$		$2.22 \sim 2.60$	
MH층	1.0	1.038	$14.98 \sim 16.79$	2.038	$14.98 \sim 19.795$
	2.0	2.297		2.149	
	3.0	3.53		2.177	
CH층	1.0	$1.23 \sim 1.87$	$4.32 \sim 18.04$	$2.51 \sim 3.04$	$4.21 \sim 18.86$
	2.0	$1.91 \sim 3.02$		$1.78 \sim 2.56$	
	3.0	$2.76 \sim 4.22$		$1.53 \sim 2.41$	

(2) 주응력비 - 축변형률 관계

그림 1.63(a)는 CL층으로 분류된 점토에 대한 대표적 삼축압축시험 결과를 주응력비와 축차응력의 관계를 도시한 그림이다.[11] 이 그림을 살펴보면 구속압이 1, 2, $3\mathrm{kg/cm^2}$일 경우 평균최대주응력비는 각각 2.53, 2.03, 1.98인 것으로 나타났으며 평균최대주응력비가 발생할 때의 축변형률을 살펴보면 $6.50 \sim 16.15\%$인 것으로 나타났다.[11]

모든 CL층에 대한 삼축압축시험 결과를 정리해보면 최대주응력비는 구속압이 $1\mathrm{kg/cm^2}$일 경우 $3.010 \sim 3.101$ 사이에 존재하고, 구속압이 $2\mathrm{kg/cm^2}$일 경우 $2.33 \sim 2.55$ 사이에 존재하며, 구속압이 3kg/cm²일 경우 2.22~2.60 사이에 존재하는 것으로 나타났다. 그리고 최대주응력비가 발생되는 축변형률은 6.49~16.15%인 것으로 나타났다. 이것으로 보아 최대주응력비는 최대축차응력과 유사한 축변형률에서 발생함을 알 수 있다.[11]

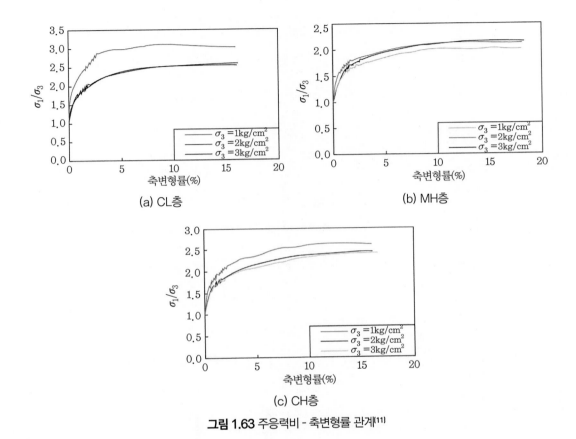

(a) CL층

(b) MH층

(c) CH층

그림 1.63 주응력비 - 축변형률 관계[11]

그림 1.63(b)은 MH층으로 분류된 점토에 대한 대표적 삼축압축시험 결과를 주응력비와 축차응력의 관계로 도시한 것이다. MH층에 대한 시험 결과를 정리해보면 최대주응력비는 구속압이 1kg/cm²일 경우 2.038에 존재하고, 구속압이 2kg/cm²일 경우 2.149에 존재하며, 구속압이 3kg/cm²일 경우 2.177에 존재하는 것으로 나타났다. 그리고 최대주응력비가 발생되는 축변형률은 16.795%인 것으로 나타났다.[11]

그림 1.63(c)는 CH층으로 분류된 점토에 대한 대표적 삼축압축시험 결과를 주응력비와 축변형률 사이의 관계로 도시한 그림이다.[11]

모든 CH층에 대한 삼축압축시험 결과를 정리해보면 최대주응력비는 구속압이 1kg/cm^{2}일 경우 2.51~3.04, 구속압이 2kg/cm^{2}일 경우 1.78~2.56, 구속압이 3kg/cm^{2}일 경우 1.53~2.41인 것으로 나타났다. 그리고 최대주응력비가 발생되는 축변형률은 4.21~18.86%인 것을 알 수 있다.[11]

본 조사지역의 지층 점토인 CL층, MH층 및 CH층에 대한 압밀비배수 삼축압축시험 결과로부터 구속압이 증가함에 따라 최대축차응력$(\sigma_1 - \sigma_3)_{max}$은 증가하며, 최대주응력비$(\sigma'_1/\sigma'_3)_{max}$는 감소함을 알 수 있다.

(3) 유효내부마찰각

본 절에서는 압밀비배수 삼축압축시험(CU 시험) 결과에 의한 Mohr원으로부터 유도된 유효내부마찰각과 Lade(2989)의 강도정수 η_1과 m를 구하여 지반의 강도특성을 알아본다.[11]

압밀비배수 삼축압축시험 결과에 대하여 Mohr원으로부터 유도된 유효내부마찰각은 $\phi' = \sin^{-1}\left(\dfrac{\sigma_1'/\sigma_3' - 1}{\sigma_1'/\sigma_3' + 1}\right)$이다. 따라서 이 식을 이용하여 삼축시험 결과로부터 유효내부마찰각을 구할 수 있으며 구속압과의 관계를 도시하면 그림 1.64와 같다.

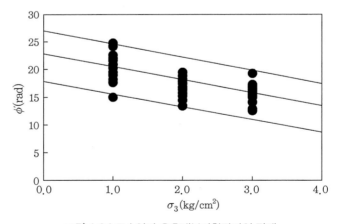

그림 1.64 구속압과 유효내부마찰각과의 관계

즉, 종축은 이 식으로부터 계산된 유효내부마찰각으로하고, 횡축에는 구속압으로 하여 그림을 도시하였다. 이 그림에서 보는 바와 같이 구속압이 증가함에 따라 유효내부마찰각은 감소하고 있다. 이것은 실제 Mohr원에 의한 파괴포락선이 직선이 아니라 구속압이 증가함에 따라 기울기가 작아지는 곡선임을 확인시켜주는 것이다.

또한 구속압과 유효내부마찰각은 이 그림과 같이 반비례의 관계를 갖는 것으로 나타났으며, 회귀분석 결과 평균값은 $y = -2.5x + 22.7$이 된다. 그리고 상한치는 $y = -2.5x + 27.4$이 되고, 하한치는 $y = -2.5x + 17.6$이 된다.

(4) η_1, m 계수

그림 1.65는 식 (1.15)에서와 같이 Lade의 3차원 파괴규준을 대상으로 부산 가호안 해성점성토 위 파괴 시의 $(I_1^3/I_3 - 27)$과 (P_a/I_1)의 관계를 각각 종축과 횡축의 값으로 취함으로써 계수 η_1, m을 구한 결과이다.[11]

$$(I_1^3/I_3 - 27)(P_a/I_1)^m = \eta_1 \tag{1.15}$$

부산 가호안 해성점성토에 대한 Lade 파괴규준의 η_1과 m을 구하면 그림 1.65와 같다. 그림 1.65에서 보는 바와 같이 η_1은 상한치 28과 하한치 7, 평균값 16의 값은 가지며, m은 0.37을 나타낸다. 이들의 결과를 정리하면 표 1.23과 같다.[7]

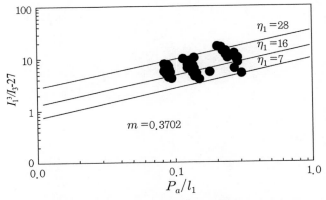

그림 1.65 부산 가호안 해상점성토의 파괴규준에 대한 η_1, m

표 1.23 부산 가호안 해성점성토의 Lade 파괴규준에 대한 η_1과 m [11]

구분 계수	CL층	MH층	CH층	전체		
				상한치	평균치	하한치
η_1계수	88	6.1	17	28	16	7
m계수	1.07	0.03	0.35	0.37		

1.5.4 변형특성

불교란 해성점성토 대한 압밀비배수 삼축압축시험의 결과를 비교·분석하여 부산 가호안 축조지역의 해성점성토에 대한 변형특성을 알아내고자 한다. 특히 변형특성은 Kondner(1963)에 의해 제시된 초기탄성계수[36]와 Janbu(1963)에 의해 제시된 K와 n계수[34]를 구해본다.

(1) 초기탄성계수

본 절에서는 압밀비배수 삼축압축시험에서 얻어진 결과를 이용하여 축변형률과 축하중 응력의 관계를 Kondner의 쌍곡선 모델에 적용시켜 구속압에 따른 초기탄성계수를 구하였다.[36] 이를 Kondner의 쌍곡선 모델을 선형화함으로써 횡축에는 축변형률(ϵ_1)을 종축에는 축변형률을 축차응력으로 나눈 값($\epsilon_1/(\sigma_1 - \sigma_3)$)으로 하여 그래프를 각각 CL층, MH층, CH층에 대하여 각각 도시하였다. 그리고 추세선의 기울기와 절편을 이용하여 극한강도(σ_{ult})와 초기탄성계수(E_i)를 구할 수 있다.[11]

각 층에 대한 시험 결과로부터 얻은 초기탄성계수 값을 정리하면 표 1.24와 같다. CL층, ML층, CH층에서 구한 각각의 초기탄성계수를 구속압에 따라 평균값으로 정리하였으며, 구속압과 초기탄성계수의 관계식을 도시하면 그림 1.66과 같다. 이 그림을 살펴보면 종축에는 초기탄성계수(E_i)를, 횡축에는 구속압(σ_3)을 도시하였다.

표 1.24 각 지층의 초기탄성계수[11]

구분		구속압(kg/cm²)		
		1	2	3
초기탄성계수 (kg/cm²)	CL층	335.2	406.3	505.1
	MH층	112.4	312.5	434.8
	CH층	280.3	378.3	461.3
	전체	242.6	365.7	467.07

각 층의 초기탄성계수는 구속압에 따라 일정하게 증가하는 것을 알 수 있다. 또한 구속압에 따른 초기탄성계수의 비례식은 $E_i = 112.22\sigma_3 + 134.03$과 같이 나타낼 수 있다.

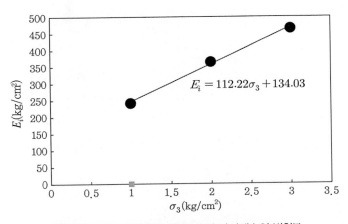

그림 1.66 구속압에 따른 평균 초기 탄성계수의 변화[7]

(2) K, n 계수

그림 1.67은 Janbu(1963)의 방법에 의하여 구한 초기탄성계수와 구속응력 σ_3 간의 관계를 조사지역 전체 지층에 대하여 조사한 결과를 도시한 그림이다.[34] 즉, Kondner의 경험식 $E_i = KP_a(\sigma_3/P_a)^n$에 의하여 부산지역 가호안 축조 해성점성토에 대한 K, n값을 구한 결과를 전체 지층별로 정리하면 그림 1.67과 같다.[34]

K값은 구속응력(σ_3)이 대기압(P_a)과 같을 때의 초기탄성계수 값으로 구할 수 있으며, 일반적으로 암이나 모래 등의 조립토일수록 K값은 크고 점성토 등의 세립토일수록 작다.

해성점성토의 여러 층에서의 초기탄성계수와 구속압과의 관계를 종합적으로 정리하면 그림 1.67에서 보는 바와 같이 K=265.18, n=0.4906의 값을 얻을 수 있다.

이러한 결과들을 종합적으로 정리하면 부산 가호안 해성점성토지반의 CL층, MH층, CH층의 K와 n값은 표 1.25와 같다.

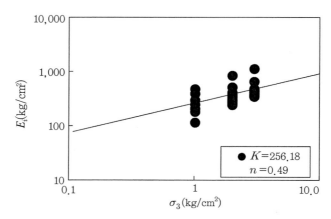

그림 1.67 부산 가호안 해성점성토의 초기탄성계수와 구속압과의 관계

표 1.25 부산 가호안 해성점성토에 대한 K와 n[11]

계수	CL층	MH층	CH층	전체
K	334.80	117.10	265.30	265.18
n	0.20	1.26	0.39	0.49

1.6 우리나라 서·남해안 해성점토지반의 장래침하량 예측

1.6.1 장래침하량 예측

연약지반을 개량하는 공법들은 여러 가지가 있지만 그중 선행재하공법을 통한 압밀촉진 공법이 가장 많이 이용되고 있다. 이 공법이 적용된 연약지반에서는 보통 압밀이론을 통해 침하량, 소요시간 등을 예측할 수 있으나 실제로는 많은 부분이 일치하지 않는 경우가 많다. 그래서 어느 정도 압밀침하가 발생하는가와 압밀침하를 종료하는 데 소요되는 시간 그리고 장래침하량을 예측하여 선행재하 성토고 및 압밀 완료 시점을 설계 시의 측정치와 비교·검 토하는 것이 매우 중요하다.

일반적으로 장래침하량 예측은 크게 Terzaghi의 1차원 압밀이론(1925)을 근거로 예측하는 방법과 현장침하계측을 통해 장래침하량을 예측하는 방법이 있다.

먼저 실무에서 주로 사용되고 있는 Terzaghi의 1차원 압밀이론(1925)에 의한 설계침하량 추 정 방법은 간편성과 시공 자료가 많다는 장점이 있다. 그러나 가정 및 경계조건의 단순화로 인해 흙의 변형특성의 복잡성(예를 들면, 연약지반의 측방유동), 지반의 불균질성 및 이방성, 압밀이론의 제한사항, 지반정수 산정의 불확실성, 현장 시공조건의 문제점을 가지고 있다.

그래서 이에 대한 대안으로 현재 많이 사용하고 있는 방법은 현장계측자료의 최종침하량을 활용하여 장래침하량을 예측하는 방법이다. 이 방법을 적용함으로써 좀 더 합리적이고 현장 접근성이 높은 시공계획을 설립하여 경제적·안정적 시공을 할 수 있게 되었다. Terzaghi (1943)가 기술한 바에 의한 현장계측의 목적을 인용하면 "현장계측을 통하여 시공계획 시 지반조건에 대한 지식의 부족 및 설계상의 결점을 시공 중에 발견하여 제거하고, 공사에 미치는 영향과 지반의 변화가 구조물에 미치는 영향에 대해서 시공 중, 시공 후에 안전관리 및 보수에 관한 정보를 주기 위한 수단이다"라고 서술하고 있다. 설계 시 예측되었던 모든 위험 가능 요소가 존재하거나 불확실한 지점에는 다양한 종류의 계측기를 설치해야 되며, 예측된 상태를 계측 결과와 비교·분석한 후 적절한 시기에 적절한 조치를 할 수 있도록 관리해야 한다.

1.6.2 현장계측자료 활용법

장래침하량 예측기법은 시간~침하량 곡선에 내포된 도형적인 법칙성에 착안하여 경험적으로 그 특성이 장래에도 지속될 것이라 가정하여 장래의 침하량을 추정하는 방법이다. 이론 및 예측 침하량의 진행 경향과 비교·분석함으로 현재의 압밀도 및 지반강도 증가 현상 등을 추정할 수 있으며 이를 통하여 성토속도 및 선행재하성토의 제거 시점, 구조물의 착공시점, 잔류침하량 등을 결정할 수 있다.

대상 지역 지반의 지질현황에 따라 계측 목적에 맞는 계측기를 선정한 후 그 계측기를 어떻게 배치할 것인가 결정하는 것이 중요한 관건이 된다.

계측위치의 선정이 측정대상물의 규모나 주변구조물에 영향 정도에 좌우되며 지형, 지질, 토질특성 등이 중요한 요소가 된다. 공사에 지침이 될 수 있는 결과를 얻기 위해서는 성토자체 및 원지반이나 인접구조물의 거동을 충분히 고려하고 또 유사한 조건하에서 계측 예를 참고로 하여 배치하는 것이 좋다.

검토구간의 계측기는 주로 지표침하판, 층별침하계, 지하수위계, 간극수압계로 구성되어 있어 침하 및 과잉간극수압의 소산정도를 파악할 수 있도록 하였다.

허남태(2010)는 부산 신항 배후도로 연약지반에 적용된 선행재하공법에 따른 압밀침하량

현장계측 자료로 장래침하량을 예측한 바 있다.[20] 장래침하량은 아사오카(Asaoka)법[28]과 쌍곡선법[38]을 이용하여 예측하였다. 권덕회(2014)도 김포지역의 연약지반에 선행재하공법을 적용하였을 때의 현장계측자료와 장래침하량을 산정한 결과를 비교·분석하였다.[1] 권덕회는 장래침하량을 쌍곡선법, 호시노(Hoshino)법 및 아사오카법을 모두 이용하여 비교·분석하였다. 그밖에도 김태훈(2014)은 이들 방법을 확대 이용하여 송도신도시, 인천 북항, 인천 신항, 시화신도시[22] 및 군자 신도시의 인천지역 연약지반의 장래침하량을 예측한 바 있다.[3]

여기서는 먼저 쌍곡선법, 호시노법, 아사오카법의 장래침하량 예측기법을 설명하고 송도신도시 지역(예측사례 1)과 시화신도시 지역(예측사례 2)의 현장계측자료로 장래침하량을 예측한 사례에 대하여 설명하고자 한다.

(1) 쌍곡선법

쌍곡선법(hyperbolic method)은 시간~침하곡선에 대해서 침하의 평균속도가 쌍곡선의 형상으로 감소해간다고 가정한다. 그림 1.68에 표시한 바와 같이 성토 완료 후의 시간(t_a) 이후의 침하곡선이 쌍곡선식으로 표시되는 것으로 가정하며, 기본 식은 식 (1.16)과 같다.[38]

$$S_t = S_0 + \frac{t}{\alpha + \beta t} \tag{1.16}$$

여기서, S_t = 성토 종료 후 경과시간 t에서의 침하량

$\quad\quad S_0$ = 성토 종료 직후의 침하량

$\quad\quad t$ = 성토 종료 시점으로부터의 경과시간

$\quad\quad \alpha,\ \beta$ = 실측 침하량으로부터 구하는 계수

상기의 기본 식을 변형하면 식 (1.17)과 같다.

$$\frac{t}{S_t - S_0} = \alpha + \beta t \tag{1.17}$$

이 식은 그림 1.68과 같이 $t/(S_t - S_0)$와 t의 관계로 나타내면 1차 방정식에 해당한다. 이 그림으로부터 1차 방정식의 절편과 기울기로부터 α와 β를 결정하고 이 식에 의해 임의의 시각 t에서의 침하량 S_t를 구할 수 있다.

최종침하량 (S_f)는 $t = \infty$ 일 때는 다음 식 (1.18)로 구할 수 있다.

$$S_f = S_0 + \frac{1}{\beta} \tag{1.18}$$

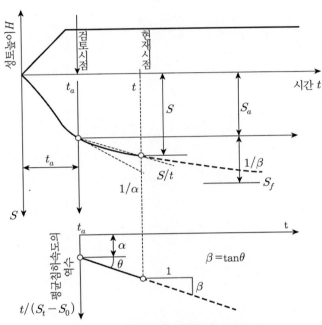

그림 1.68 쌍곡선법에 의한 장래침하량의 추정

(2) 호시노법(Hoshino, 1962)

$\sqrt{t}$ 법은 전단에 의한 측방유동을 포함하여 전 침하가 시간의 평방근에 비례하여 감소한다는 가정에 근거한 것으로 초기의 실측 침하량으로부터 장래 임의시간에서의 침하량이나 최종침하량을 구하는 방법이다.

그림 1.69에서 침하곡선이 하나의 평방근식이라고 가정하면 임의시간 t에서의 침하량 S_t는 다음과 같이 구할 수 있다.

$$S_t = S_o + S_d = S_o + \frac{AK\sqrt{t}}{\sqrt{1+K^2 t}}$$

(1.19)

여기서, S_t = 성토 종료 후 경과시간 t에서의 침하량

S_0 = 성토 종료 직후의 침하량

S_d = 시간 경과와 함께 증가하는 침하량

t = 성토 종료 시점으로부터의 경과시간

A, K = 실측 침하량으로부터 구하는 계수

이 식을 다시 정리하면,

$$\frac{t}{(S_t - S_o)^2} = \frac{1}{A^2 K^2} + \frac{t}{A^2}$$

(1.20)

따라서 식 (1.20)의 왼쪽 항 $t/(S_t - S_0)^2$을 종축에 시간 t를 횡축으로 놓고 측정한 침하자료를 정리하면 그림 1.69(b)와 같이 일정한 직선모양으로 정리된다.

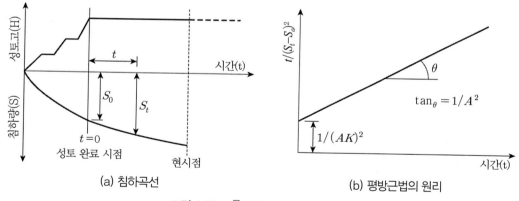

(a) 침하곡선   (b) 평방근법의 원리

그림 1.69 $\sqrt{t}$ 법에 의한 침하량의 추정

이 점들을 하나의 직선식으로 표현하기 위해 최소자승법과 같은 1차원 직선식으로 회귀분석을 하면 기울기가 $1/A^2$이고 절편이 $1/(AK)^2$이 된다. 여기서 구한 A, K를 이용하여 다시

식 (1.20)에 대입하고 원하는 시점에서의 침하량을 계산하면 된다.

최종침하량 S_f는 식 (1.20)에서 시간 t가 무한대인 경우이므로 다음 식 (1.21)과 같이 구할 수 있다.

$$S_f = S_o + A \tag{1.21}$$

이 방법에서도 쌍곡선법과 마찬가지로 A, K를 구하는 과정이 중요하기 때문에 실측한 침하곡선에서 기준시간을 정확하게 설정하는 것이 무엇보다 중요하다고 할 수 있다. 그러나 이 방법으로 계산하는 중에 침하곡선이 불규칙하면 제곱근의 값이 음수가 되는 경우가 있어 해석이 불가능한 경우가 종종 있다.

(3) 아사오카법

아사오카(1978)는 하중을 가한 후 일정 기간의 침하자료로부터 전체 침하량과 침하율을 평가하는 방법을 개발하였다.[28]

그는 미카사(Mikasa, 1963)의 연직변형률로 표현한 다음과 같은 압밀 편미분 방정식을 이용하였다.

$$c_v \frac{\partial^2 \epsilon_v}{\partial z^2} = \frac{\partial \epsilon_v}{\partial t} \tag{1.22}$$

이것을 급수(series)로 표현하면 다음과 같다.

$$S + a_1 \frac{ds}{dt} + a_2 \frac{d^2 s}{dt^2} + \cdots + a_n \frac{d^n s}{dt^n} + \cdots = b \tag{1.23}$$

여기서, S는 압밀침하량이며 a와 b는 압밀계수 및 경계조건과 관련된 상수이다. 아사오카 법은 측정한 침하데이터를 이용하여 a와 b를 결정하고, 이 상수를 바탕으로 장래침하량을 예측하는 방법이다.

임의의 시간 t에서 침하량은 다음 식 (1.24)와 같다.

$$S_t = \beta_o + \beta_1 S_{t-1} \tag{1.24}$$

또한 최종침하량은 다음 식 (1.25)와 같이 표현된다.

$$S_f = \frac{\beta_o}{1 - \beta_1} \tag{1.25}$$

아사오카법을 이용하여 미지수 β_o 및 β_1을 구하는 방법의 절차는 다음과 같다.

① 그림 1.70(a)와 같이 측정한 시간~침하량 곡선을 Δt의 등간격으로 나눈다.
② 그림 1.70(b)와 같이 횡축에는 침하량 S_1, S_2, …를, 종축에는 침하량 S_2, S_3, …의 점을 표시한다.
③ 이 점들을 회귀분석을 통해 하나의 직선 I로 표현하였을 때 이 직선의 기울기가 β_1이며 절편이 β_o이 된다.
④ 원점에서 45°의 직선을 그어 직선 I과 만나는 점이 최종침하량이 된다.

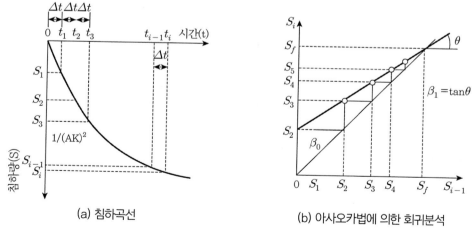

(a) 침하곡선   (b) 아사오카법에 의한 회귀분석

그림 1.70 아사오카법의 원리

1.6.3 송도신도시 연약지반 장래침하량 예측

(1) 현장개요 및 계측계획

연약지반의 장래침하량 예측에는 송도신도시 연약지반 현장에서 측정한 계측자료를 활용하였다.[3] 그림 1.71에서 보는 바와 같이 송도신도시 현장을 연약지반의 깊이별로 구분하면 구역 1은 0~5m까지이고, 구역 2는 5m 이상 10m까지이다. 또한 구역 3은 10m 이상 15m까지이고, 구역 4는 15m 초과된 구역으로 구분된다.

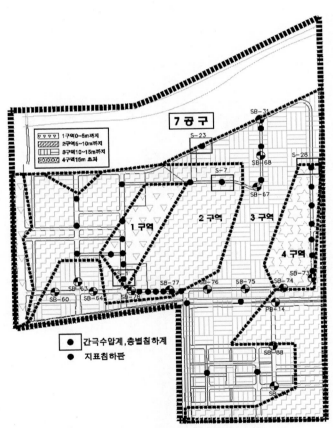

그림 1.71 송도신도시 현장의 계측기 설치위치[3]

이 지역 지반은 전반적으로 상부 매립 점성토층(ML), 하부 점성토층(CL), 사질토층, 풍화대 순으로 분포하며, 대표토질은 CL로 연약지반 분포심도는 3.0~18.8m를 나타내었다. 연약지반상에 성토높이는 1.63~4.11m로 선행재하를 실시하여 방치기간 1~3개월 동안 압밀된 계

표 1.26 송도신도시 구역별 계측 결과[3]

계측항목		계측기간(일)	성토높이(m)	최대침하량(cm)	비고
1 구역	S-1	54	3.40	10.8	
	S-2	54	3.49	12.2	
	S-3	54	3.39	14.8	
	S-4	54	3.27	13.2	
	S-5	54	3.09	15.2	
	S-6	54	3.33	18.0	
2 구역	S-7	119	3.14	11.0	
	S-8	119	3.46	10.8	
	S-9	119	3.62	10.7	
	S-10	93	2.10	5.4	
	S-11	93	2.02	4.3	
	S-12	93	2.14	6.7	
3 구역	S-13	60	2.56	11.2	
	S-14	60	2.20	14.2	
	S-15	36	2.58	16.7	
	S-16	36	3.00	17.6	
	S-17	36	3.28	14.4	
	S-18	36	3.34	19.0	
	S-19	60	4.11	18.0	
	S-20	55	4.00	15.0	
	S-21	90	3.40	14.2	
	S-22	119	3.83	15.8	
	S-23	119	3.53	16.2	
	S-24	119	3.60	15.4	
4 구역	S-25	105	3.46	17.0	
	S-26	66	1.64	15.3	
	S-27	66	1.64	15.9	
	S-28	105	3.26	19.5	
	S-29	105	3.63	16.1	
	S-30	105	2.76	15.5	
	S-31	84	1.67	16.6	
	S-32	84	1.69	14.9	
	S-33	84	1.70	20.9	
	S-34	84	1.67	14.5	
	S-35	84	1.69	15.3	
	S-36	84	1.70	15.4	

측 결과를 정리하였다.

그림 1.71의 1~4구역에 간극수압계, 층별침하계, 지표침하판의 계측기설치 위치를 표시하였다. 1~4구역에서의 계측기간, 성토높이 및 최대침하량을 정리하면 표 1.26과 같다. 계측기 설치위치는 1~4구역에서 전 구역에 걸쳐 36개소를 선택하여 계측기를 설치하고 현장계측을 실시하였다.

표 1.26에서 보는 바와 같이 제1구역과 제2구역에서는 6개소씩 12개 위치에서 계측을 실시하였고 제3구역과 제4구역에서는 12개소씩 24개 위치에서 계측을 실시하였다.

그림 1.72는 그림 1.71에 도시된 송도신도시의 1~4구역에 설치된 계측기의 표준단면도로 간극수압계는 한 지점(12m), 층별침하계는 세 지점(4m, 12m, 24m 깊이), 지표침하판은 원지반에 설치하도록 표준단면도에 위치를 나타내었다.

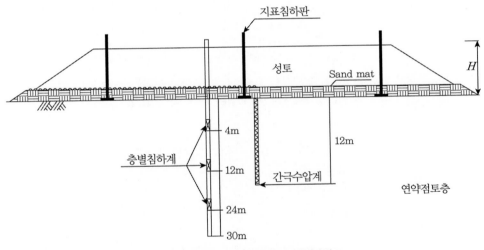

그림 1.72 송도신도시 계측기 표준단면도

(2) 침하계측 결과

송도신도시 지역 연약지반에서의 선행재하 시 성토높이는 1.63~4.11m로 방치기간 1~3개월 동안 압밀된 침하판의 계측 결과 표 1.26에서 보는 바와 같이 1구역에서는 최대침하량이 10.8~14.8cm(평균 14.03cm) 발생하였고, 2구역에서는 최대침하량이 4.3~10.8cm(평균 8.15cm) 발생하였으며, 3구역에서는 최대침하량이 11.2~19.0cm(평균 15.64cm) 발생하였고, 4구역에서는 최대침하량이 14.5~20.9cm(평균 16.41cm)가 발생하였다.

그림 1.73은 선행재하기간 중 4구역 S-28지점(표 12.1 참조)에서의 성토고와 실측최고침하량을 도시한 그림이다.

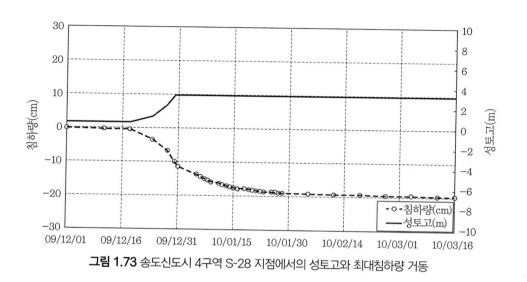

그림 1.73 송도신도시 4구역 S-28 지점에서의 성토고와 최대침하량 거동

(3) 장래침하량 예측

그림 1.74는 쌍곡선법, 호시노법, 아사오카법을 적용하여 연약지반의 장래침하량을 예측한 그림이다. 이들 그림에는 연약지반 현장에서 측정한 현장계측치와 선형회귀분석 과정에서 산정된 결과를 나타낸 그래프이다.[3] 이들 분석에서 얻어진 결과는 표 1.23과 같다. 즉, 이 지점에서의 연약지반은 1990년 12월 30일 시작하여 105일간 선행재하를 실시하였다. 실측최대침하량을(S_t) 19.5cm을 기초로 하여 쌍곡선법, 호시노법, 아사오카법을 적용 장래침하량 분석을 실시한 결과 압밀도(S_f/S_t)는 93~103%로 나타났으며, 장래침하량(S_f)은 쌍곡선법의 경우 20.50cm, 호시노법의 경우 20.97cm, 아사오카법의 경우 18.96cm로 예측되었다.

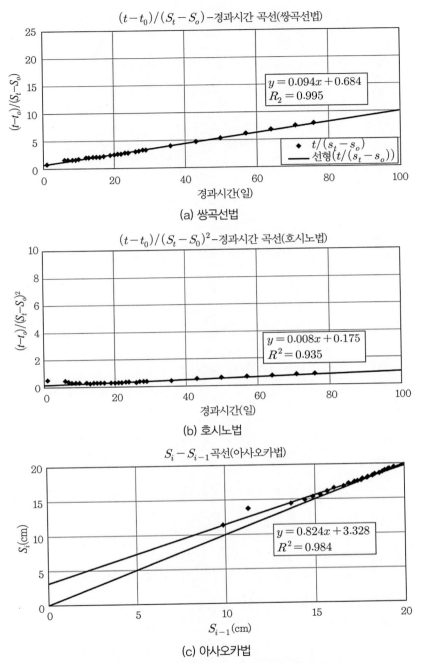

(a) 쌍곡선법

(b) 호시노법

(c) 아사오카법

그림 1.74 송도신도시 4구역 S-28지점 장래침하량 분석

표 1.27 송도신도시 4구역 S-28 지점에서의 실측침하량과 장래침하량[3]

압밀검토 시작일~압밀검토 종료일 (성토 완료)	2009.12.30.~2010.03.16.		
침하관리기간(설치~종료)	105일		
장래침하량 예측 방법	쌍곡선법	오시노법	아사오카법
y절편	0.6843	0.1756	3.3288
기울기(β)	0.0943	0.0082	0.8244
S_0(cm) (성토 완료 시 침하량)	-9.9	-9.9	-9.9
예측최종침하량 S_f(cm) ($S_0 - 1/\beta$)(cm)	-20.50	-20.97	-18.96
S_t(cm) (실측최대침하량)	-19.5	-19.5	-19.5
압밀도(%) (S_f/S_t)	95	93	103
S_r(cm) (잔류침하: $S_f - S_t$)	1.00	1.47	-0.54

1.6.4 시화신도시 연약지반 장래침하량 예측

(1) 현장개요 및 계측계획

두 번째 연약지반의 장래침하량 예측에는 시화신도시 연약지반 현장에서 측정한 계측자료를 활용하였다.[3]

그림 1.75에서 보는 바와 같이 시화신도시 현장은 A구역에서 D구역까지 4개 구역으로 구분하였다. 즉, 시화신도시 현장 A구역에서 D구역을 두 구간으로 크게 구분하면 단지구간(Y)과 도로구간으로 나뉜다.

시화신도시 지역은 전반적으로 상부 점성토층(CL, ML), 하부 점성토층(SM, CL), 풍화암층 순으로 분포하며, 대표토질은 CL로 연약지반 분포심도는 2~31m를 나타내었다.[22]

시화신도시의 자연함수비의 평균값은 34.5%, 초기간극비의 평균값은 1.026을 나타내고, 액성한계 32.7%와 소성지수는 11.96%의 평균값을 보여 저압축(저소성) 내지 보통압축성(소성)의 점토로 평가된다. 함수비 및 초기간극비 분석 결과 연약점토로 나타나고, 소성도 분석 결과 연약지반의 주 분포 토질성분은 CL로 나타났다.[22]

강도증가율은 Skempton(0.17)＜Hansbo(0.20)의 평균값을 보이고, 심도에 따른 분산이 일정

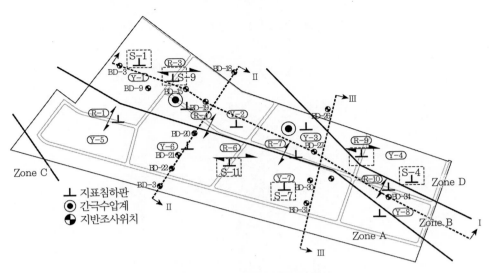

그림 1.75 시화신도시 계측위치 현황도

하게 나타내었다.[15,20] 일축압축강도는 0.3~13.2(평균 1.8)tf/m², UU 삼축압축강도는 0.8~9.5tf/m² (평균 2.08)값을 나타내며, 심도가 깊어짐에 따라 일정한 경향을 나타내었다. 이는 응력해방에 의한 것으로 판단된다.

경험식을 Skempton(1954) 경험식 0.11+0.0037(PI)와 Hansbo(1994) 경험식 0.45*(LL)을 이용하여 강도증가율을 산정하였다.[15,20] 본 현장의 경우 강도증가율이 심도에 따라 분산이 일정한 것으로 보아 장기강도로 인해 압밀이 진행되는 것을 확인할 수 있을 것이다.

시화신도시의 변형특성은 경험식에 의한 변형계수와 N치의 관계를 분석한 결과 분산 폭이 너무 커서 상관성이 결여되므로 실내시험의 분포도 평균인 $N \leq 6$의 96tf/m²로 선정하였다.

압축지수 시험값의 분석 결과 0.11~0.47(평균 0.267)의 주로 분포하는 경향을 나타내었다. 압밀계수는 5.20×10⁻³, Skempton(1954)의 경험식에 의한 압축지수는 0.11~0.37(평균 0.204)을 나타내었다. Clemence & Finber(1981) OCR=0.8~1.5로 정규압밀 영역에 해당되며, 상부구간에 과압밀점토가 일부 분포하였다.

그림 1.76은 그림 1.65의 A~D구역의 계측위치에 설치되는 계측기의 표준단면도이다. 검토구간의 계측기 배치는 지표침하판, 층별침하계, 지하수위계, 간극수압계로 구성되어 있어 침하 및 과잉간극수압의 소산정도를 파악할 수 있도록 하였다.

이 그림에서 보는 바와 같이 간극수압계는 부지구간과 도로구간에서 두 심도(10m, 20m)에 설치하며, 층별 침하계도 두 심도(10m, 20m)에 설치한다. 또한 지표침하판은 원지반에 설치하도록 표준단면도에 도시하였다.

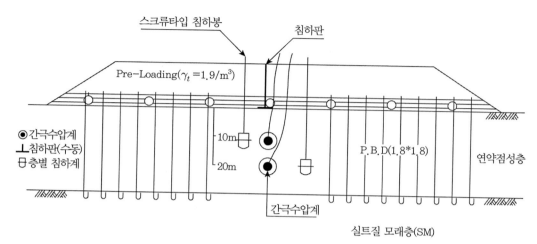

그림 1.76 시화신도시 계측기 표준단면도

검토구간의 성토높이는 3.10~6.80m로 축조하여 (자세히 설명하면 부지구간(Y-1~Y-8)에서는 32.1~38.50cm 높이로, 도로구간(R-1~R-10)에선 46.1~82.70cm 높이로) 방치기간 4~10개월 동안 선행재하를 실시하여 간극수압, 층별침하, 지표침하 계측하여 이들 결과를 정리하였다.

표 1.28 시화신도시 구역별 선행재하기록[3]

계측위치(지점)		계측기간(일)	성토높이(m)	최대침하량(cm)	비고
Y-1	S-1	201	3.10	38.5	
Y-2	S-2	200	3.20	41.3	
Y-3	S-3	201	3.29	37.2	
Y-4	S-4	201	3.22	31.2	
Y-6	S-6	227	3.28	36.0	
Y-7	S-7	354	3.30	36.5	
Y-8	S-8	305	3.30	32.1	
R-3	S-9	191	4.57	46.6	
R-4	S-10	347	3.73	46.1	
R-6	S-11	315	5.51	50.4	
R-7	S-12	319	3.86	70.9	
R-9	S-13	305	4.05	49.0	
R-10	S-14	181	6.80	82.7	

표 1.28에는 계측위치(지점)를 A~D구역에서 각 구역별 14개소를 대표적으로 선택하여 정리하였다. 특히 R-3구역의 S-9지점의 계측기록은 뒤에서 장래침하량 등을 예측하여 좀 더 자세히 분석할 예정이다.

(2) 침하계측 결과

시화신도시 지역 연약지반에서의 선행재하 시 성토높이는 3.10~6.80m로 방치기간 4~10개월 동안 압밀된 침하판의 계측 결과는 표 1.24에서 보는 바와 같이 단지구역(Y구역)에서는 최대침하량이 31.20~41.30cm로 발생하였고, 도로구역(R구역)에서는 최대침하량이 46.10~82.70cm로 발생하였다.

선행재하기간 중 R-3구역 S-9지점에서의 성토고와 실측최고침하량은 그림 1.78과 같이 4.57m 성토고에 최대침하량이 46.6cm로 계측되었다.

실측최대침하량(S_t) 46.6cm을 기초로 하여 쌍곡선법, 호시노법, 아사오카법을 적용 장래침하량 분석을 실시한 결과 압밀도(S_f / S_t) 98~100%, 장래침하량(S_f)은 쌍곡선법으로 47.22cm, 호시노법으로 47.52cm, 아사오카법으로 46.62cm로 산정되었다.

(3) 장래침하량 예측

선행재하기간 중 R-3구역 S-9지점에서의 성토고와 실측최고침하량은 그림 1.77과 같이 4.57m 성토고에 최대침하량이 46.6cm로 계측되었다.

실측최대침하량(S_t) 46.6cm을 기초로 하여 쌍곡선법, 호시노법, 아사오카법을 적용 장래침하량 분석을 실시한 결과 압밀도(S_f / S_t) 98~100%, 장래침하량(S_f)은 쌍곡선법으로 47.22cm, 호시노법으로 47.52cm, 아사오카법으로 46.62cm로 산정되었다.

그림 1.78은 선형회귀분석의 과정을 나타낸 그래프로서 쌍곡선법, 호시노법, 아사오카법의 분석 결과는 표 1.29와 같다.

표 1.29 시화신도시 R-3구간 S-9지점 장래침하량 예측[3]

압밀검토 시작일~압밀검토 종료일 (성토 완료)	2009-5-2~2009-9-23		
침하관리기간(설치~종료)	191일		
장래침하량 예측 방법	쌍곡선법	Hoshino법	Asaoka법
y절편	0.4600	0.1081	19.7879
기울기(β)	0.0825	0.0065	0.5755
S_0(cm) (성토 완료 시 침하량)	-35.1	-35.1	-35.1
예측최종침하량 S_f(cm) ($S_0 - 1/\beta$)(cm)	-47.22	-47.52	-46.62
S_t(cm) (실측최대침하량)	-46.6	-46.6	-46.6
압밀도(%) (S_f/S_t)	98.7	98	100
S_r(cm) (잔류침하: $S_f - S_t$)	0.62	0.92	0.02

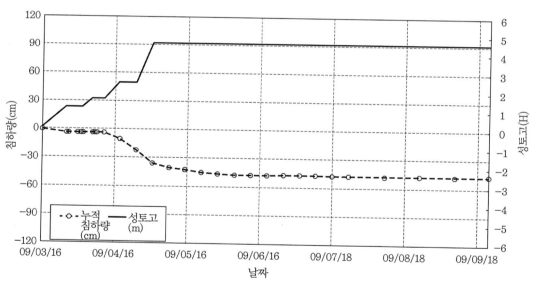

그림 1.77 시화신도시 제R-3구역 S-9지점에서의 성토고와 실측최대침하량 거동

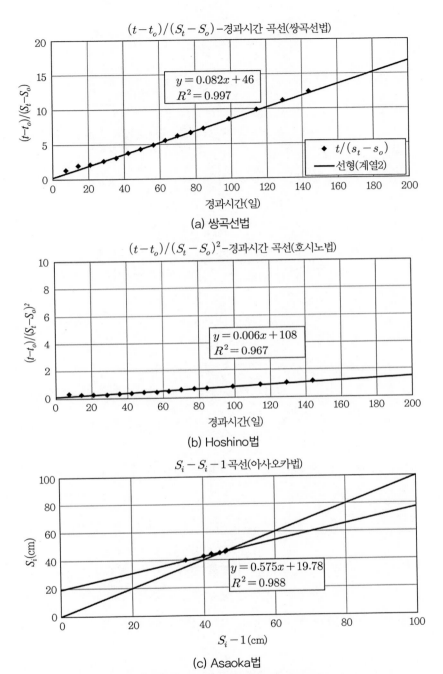

(a) 쌍곡선법

(b) Hoshino법

(c) Asaoka법

그림 1.78 시화신도시 R-3구역 S-9지점 장래침하량 분석

| 참고문헌 |

1) 권덕회(2014), '김포지역 연약지반의 압밀침하 특성과 장래침하량 예측', 중앙대학교건설대학원, 공학석사학위논문.

2) 김명환(1986), '우리나라의 동결심도산정에 관한 연구(Estimation for the Depth of Frost Penetration in Korea)'.

3) 김태훈(2014), '인천지역 연약지반의 압밀침하 분석과 장래침하량 예측', 중앙대학교건설대학원, 공학석사학위논문.

4) 김재홍(2002), '안산지역 해성 퇴적토의 공학적 특성에 관한 연구', 중앙대학교건설대학원, 공학석사학위논문.

5) 방효탁(1989), '사질토지반에서의 표준관입시험과 동적 콘관입시험과의 상관성', 중앙대학교건설대학원, 공학석사학위논문.

6) 부상필(2012), '우리나라에 분포하는 점토질 모래(SC)의 침하량 산정에 관한 연구', 중앙대학교건설대학원, 공학석사학위논문.

7) 삼성물산주식회사(2002), 부산 신항 가호안 시공 전 지반조사 보고서, ㈜동아지질.

8) 삼성물산주식회사(2002), 부산 신항 가호안 시공 후 지반조사 보고서, ㈜동아지질.

9) 손원표(1989), '점성토지반의 N치와 토질특성과의 상관성', 중앙대학교건설대학원, 공학석사학위논문.

10) 송병관(2005), '광양지역 점토의 지반공학적 특성', 건설대학원, 공학석사학위논문.

11) 송은수(2003), '부산지역 해성점성토의 공학적 특성에 관한 연구', 건설대학원, 공학석사학위논문.

12) 심재상(2000), '영종도지역 해성점성토의 역학적 특성에 관한 연구', 중앙대학교건설대학원, 공학석사학위논문.

13) 이경두(2004), '폐기물 매립장의 침하거동 고찰', 중앙대학교건설대학원, 공학석사학위논문.

14) 이근하(1995), '광양제철소 부지의 전단강도 증가 특성', 건설대학원, 공학석사학위논문.

15) 이양상(1992), '우리나라 서·남해안 해성점토의 전단특성에 관한 연구', 건설대학원, 공학석사학위논문.

16) 이윤우(1984), '실트질 흙의 압밀에 의한 전단강도 증가에 관한 연구', 부산대학교 산업대학원 석사학위논문.

17) 엄영진(1994), '암발파 진동상수에 영향을 미치는 요소에 대한 연구', 중앙대학교건설대학원, 공학석사학위논문.

18) 장정기(1991), '우리나라의 동결심도산정에 관한 연구(Estimation for the Depth of Frost Penetration in Korea)', 건설대학원.

19) 조성한(2007), '제주 해안지역 모래의 특성에 관한 연구', 제주대학교대학원, 공학석사학위논문.

20) 허남태(2010), '연약 점성토 지반의 압밀침하 해석과 장래압밀침하량 예측에 관한 사례 연구', 중앙대학교건설대학원, 공학석사학위논문.

21) 허정(1992), '우리나라 서·남해안 해성점토의 초기탄성계수에 관한 연구', 건설대학원, 공학석사학위논문.

22) 한국수자원공사(2006), '시화 멀티테크노밸리 제4공구 조성공사 실시설계보고서'.

23) 홍원표(1987), '정규압밀점토의 비배수 전단강도에 미치는 압밀 방법의 영향', 토질공학회지, 제3권, 제2호, pp.41-49.

24) 홍원표·김명환(1988), '우리나라의 동결심도에 관한 연구', 대한토목학회논문집, 제8권, 제2호, pp.147-154.

25) 홍원표·장정기(1993), '우리나라의 동결심도에 관한 연구(II)', 중앙대학교논문집, 자연과학편, 제36집, pp.129-149.

26) 황성덕(2000), '난지도 쓰레기매립지의 지반공학적 특성', 중앙대학교건설대학원, 공학석사학위논문.

27) 황정규(?), '지반공학의 기초이론', pp.140-215.

28) Asaoka A.(1978), "Observational preocedure of settlement prediction", Soil and Foundations, JSSMFE, Vol.18, NO.4.

29) Bowles, J.E.(1969), *Foundation Analysis and Design*, pp.66-84; 183-189.

30) Das, B.M.(1984), *Principles of Foundation Engineering*, pp.210-220.

31) Das, B.M.(1983), *Advanced Soil Mechanics*, Mcgraw-Hill Co.

32) Duncan, J.M. and Chang, C.Y.(1970), "Nonlinear analysis of stress and strain in soils", Journal of the SMF, ASCE, Vol.96, No.SM5, pp.1629-1953.

33) Holtz, R.D. & Kovacs, W.D.(1981), An Imtroduction to Geotechnical Engineering, Ch.11, pp.544-608.

34) Janbu, N.(1963), "Soil compressibility as determined by Oxdomerer and triaxial test", Proceding of European conference on Soil Mechanics and Foundation Engineering, Vol.1.

35) Karisson, R. & Viberg, L.(1967), "Ratio C/P' in relation to liquid limit and Plasticity index with special reference to Swedish clays", Proc. Geotechnical Conf. Vol.1, Oslo, Norway, pp.43-47.

36) Kondner, R.I.(1963), "Hyperbolic stress-strain response, Cohesive soils", Journal of the SMFD, Vol.99, No.SM1, pp.115-143.

37) Rosenqvist, I. T.(1953), "Consideration on the sensitivity of Norwegian Quick Clays", Geotechnique,

Vol.3, pp.195-200.

38) Tan, T.-S. et al.(1991), "Hyperbolic Method for Contributions Analysis", Journal of Geotechnical Engineering, ASCE, Vol.117, NO.11, pp.1723-1737.

39) 일본토질공학회(1990), "토질시험 및 해설", pp.344-367.

특수 모래지반의 역학적 특성

특수 모래지반의 역학적 특성

2.1 제주지역 해안모래지반의 특성

2.1.1 제주지역 해안모래의 특징

제주도에 분포하고 있는 모래들은 입경과 색상이 각각 다르며, 주변지역의 생성과정과 환경적 요인에 따라 그 화학적·물리적 특징이 다를 것으로 사료된다.[1,2,5-7] 따라서 각 모래의 주요 구성성분을 알고자 XRF(X-ray Fluorescence Spectrometry)를 이용하여 화학분석을 조사하였다.[8] 표 2.1은 제주에 분포하고 있는 26개 지역의 모래에 대한 XRF의 결과를 나타낸 표이다.

XRF는 X-ray를 쏴서 전자를 여과시키면서 빈자리가 생기고 이 빈자리를 다른 전자들이 채워지는데, 전자들의 에너지는 물질에 따라 다르며 물질 내에서도 모든 전자의 에너지 수준이 다르다. 따라서 빈자리를 채워주는 전자에 의해 방출되는 빛(fluorescence)이 다른 원리를 이용하여 물질의 구성성분을 알 수 있게 하는 화학시험법이다.

XRF 분석 결과 제주도 해안지역에 분포하고 있는 모래의 주요 구성성분은 SiO_2, Al_2O_3, Fe_2O_3, CaO와 시료를 950℃의 온도로 태워 손실되는 휘발성 성분을 나타내는 LOI가 주를 이루고 있다(조성한, 2007).[8] 특히 삼양지역과 상모지역의 모래들의 경우 SiO_2, Al_2O_3, Fe_2O_3의 함유량이 많은 모래인 경우는 CaO와 LOI의 함유량이 낮고 반면에 함덕지역, 김녕지역 등 CaO와 LOI의 함유량이 높은 모래의 경우는 반대로 SiO_2, Al_2O_3, Fe_2O_3의 함유량이 낮게 나타났다. 또한 제주외항과 이호지역 등의 모래는 SiO_2, Al_2O_3, Fe_2O_3의 함유량과 CaO와 LOI의 함유량이 비슷하거나 CaO, LOI의 함유량이 약간 높게 나타났다. 이 결과를 통해 SiO_2, Al_2O_3, Fe_2O_3의 함유량과 CaO와 LOI의 함유량의 관계는 그림 2.1과 같이 나타났다.

표 2.1 제주도 해안지역 모래의 XRF시험 결과[8]

Location	SiO_2	Al_2O_3	TiO_2	Fe_2O_3	MgO	CaO	Na_2O	K_2O	MnO	P_2O_5	LOI	total
Sam-yang	49.48	15.74	2.06	10.76	5.65	8.16	3.20	1.50	0.11	0.46	2.32	99.43
Ham-doek	3.18	0.68	0.13	0.68	3.42	45.39	0.39	0.18	0.02	0.20	41.93	96.74
Gim-nyeong(s)	1.41	-	0.04	0.19	3.44	48.08	0.87	0.06	0.01	0.15	44.39	98.64
Gim-nyeong(l)	6.74	2.35	0.29	1.96	2.56	49.72	0.64	0.20	0.02	0.54	34.26	99.28
Wol-jeong	1.78	-	0.05	0.46	2.94	48.18	0.80	0.07	0.01	0.16	43.84	98.29
Haeng-won	4.52	0.63	0.10	1.27	2.90	54.10	0.53	0.06	0.01	0.17	36.11	100.40
Han-dong	1.86	0.62	0.08	0.85	2.37	56.42	0.50	0.04	0.01	0.19	37.27	100.21
Jong-dol	14.51	2.42	0.37	5.98	10.71	35.55	0.74	0.12	0.05	0.19	30.29	100.93
Hongjodangwi	0.28	0.02	-	0.08	5.93	53.13	0.85	0.01	-	0.09	39.85	100.25
Hagosudong	8.13	1.05	0.10	1.03	2.15	51.26	0.99	0.23	0.01	0.15	34.37	99.47
Seong-San	36.82	7.15	1.62	18.87	18.81	8.49	1.96	0.49	0.16	0.23	5.33	99.92
Gummulae	37.77	8.14	1.79	16.59	15.05	11.23	2.23	0.67	0.14	0.30	6.28	100.19
Sin-yang	26.00	2.12	0.49	13.48	23.73	16.98	0.33	0.10	0.08	0.14	13.01	96.46
Pyoseon	3.38	0.45	0.16	0.91	3.20	44.93	0.99	0.13	0.02	0.14	42.00	96.30
Jung-mun	13.67	4.51	0.62	3.04	3.02	37.40	1.36	0.38	0.04	0.30	33.83	98.17
Hwa-sun	38.17	9.26	1.14	8.78	8.05	15.52	1.37	0.52	0.07	0.27	17.22	100.37
Sa-gye	31.58	5.94	0.66	5.26	6.23	24.97	1.22	0.64	0.05	0.27	22.60	99.42
Sang-mo	49.32	11.02	1.64	11.22	9.13	9.06	2.37	1.21	0.15	0.44	4.82	100.36
Geum-neung	3.92	0.26	0.18	0.83	1.70	48.35	0.67	0.11	0.01	0.11	42.04	98.18
Hyepjae	1.46	-	0.03	-	3.24	47.97	1.12	0.07	-	0.16	49.96	99.02
Gwidoek	9.41	1.86	0.25	1.79	2.07	49.52	1.57	0.17	0.02	0.16	33.20	100.02
Gwakgi	3.42	0.59	0.18	0.88	1.82	47.33	1.04	0.17	0.01	0.14	40.68	96.27
Handam	4.37	0.91	0.11	0.98	1.91	54.38	1.41	0.07	0.01	0.12	35.66	99.95
Jeju habor	26.16	9.37	0.94	5.01	3.00	27.28	2.46	1.02	0.06	0.32	23.63	99.27
I-ho	30.55	12.58	0.93	5.15	2.68	23.36	2.86	1.15	0.06	0.34	19.36	99.04.

※ LOI: Loss of Ignition, Unit: wt%

그림 2.1에서 보는 바와 같이 SiO_2, Al_2O_3, Fe_2O_3의 함유량과 CaO와 LOI의 함유량은 서로 상반관계(相反關係)를 나타내고 있다. 따라서 SiO_2, Al_2O_3, Fe_2O_3의 함유량이 60wt% 이상이고 CaO와 LOI의 함유량이 20wt% 이하인 모래를 규산염 모래, SiO_2, Al_2O_3, Fe_2O_3의 함유량이 20wt% 이하이고 CaO와 LOI의 함유량이 80wt% 이상인 모래를 탄산염 모래 그리고 이들 두 구성성분이 혼재하여 나타나는 모래를 혼재된 모래로 분류하였다.[9]

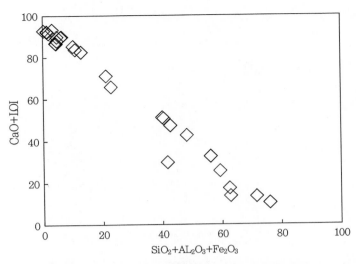

그림 2.1 (SiO$_2$+Al$_2$O$_3$+Fe$_2$O$_3$) 함유량과 (CaO+LOI) 함유량의 관계

그림 2.2에는 제주도 해안지역에서 채취된 여러 지점의 모래를 그림 2.1의 기준에 의거하여 분류하여 나타낸 그림이다. 그 결과 제주도 해안지역에 분포하고 있는 모래는 육상영역의 환경, 즉 주변지역의 암반층과 화산쇄설층이 강한 바람과 파도에 의해 풍화되어 형성된 규산염 모래와 해양영역이 우세한 모래인 경우 탄산염(CaCO$_3$)이 주를 이루는 탄산염 모래 그리고

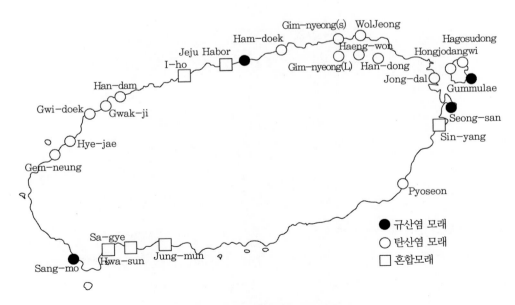

그림 2.2 제주지역 해안모래의 분류

이 두 가지의 특징이 혼재된 모래의 세 가지로 구분할 수 있었다.

(1) 규산염 모래(silicate sand)

제주도 지질에 관한 조사는 Nakamura(1925)에 의해 처음으로 이루어졌으나 Haraguchi (1931)에 의해서 최초로 제주도 화산층서가 정립되었다. 제주도는 주로 제3기 말 플라이오세의 서귀포층, 제4기 프라이스토세의 성산층, 화순층 및 신양리층의 퇴적층과 현무암, 조면암질안산암 및 조면암 등의 화산암류 그리고 기생화산에서 분출된 화산성 쇄설암(volcaniclastic rock) 등으로 분포되어 있다.[15-17]

제주도에 분포되어 있는 화산암류는 알칼리 현무암, 하와이아이트, 뮤겨라이트, 안산암, 벤모라이트, 조면암 및 소량의 소레아니트(Lee, 1989: 박준범·권성택, 1991) 등이다. 이들 제주도 지질의 XRF의 결과 주성분을 이루는 SiO_2, Al_2O_3, Fe_2O_3는 표 2.2와 같은 분포를 보이고 있다.[15]

표 2.2 제주도 화산지역암의 XRF 분석 결과[15]

SiO_2	Al_2O_3	Fe_2O_3
44.92~62.13wt%	13.41~18.46wt%	6.87~14.72wt%

이 결과를 토대로 모래의 XRF 분석 결과 SiO_2, Al_2O_3, Fe_2O_3의 함유량이 전체의 60wt% 이상인 모래는 삼양지역, 성산지역, 우도지역의 검멜레, 상모지역의 모래로 제주도 지질의 영향이 큰 것으로 사료된다.

(2) 탄산염 모래(carbonate sand)

탄산염 모래는 지형이 패류의 침식과 이동에 좋은 연안에 퇴적되어 있으며 대표적으로 함덕, 김녕, 협재 등에 존재한다. 또한 북동지역(김녕, 행원, 한동) 일대에는 해안지역 외에도 내륙지방에 모래가 모래언덕을 형성하며 분포하고 있다. 이는 바람에 의하여 형성된 것으로 해안지역의 모래가 북서 계절풍의 방향과 나란하여 탁월풍에 의하여 내륙 쪽으로 이동·형성된 것으로 추정되고 있으며, 이들 모래의 분포는 내륙 5km까지 이루고 있다. 특히 탄산염 모래는 각질을 이루는 연체동물이 홍조류의 각질 파편들이 대부분인 것으로 알려져 있다(지옥미·우

경식, 1995).[9]

XRF 시험에서 LOI(Loss of Ignition)는 전체 성분 중에서 휘발성 성분의 함유량을 나타내는 것으로, 예를 들면 H_2O, CO_2, S 등이 있다. 탄성염을 XRF 시험을 위해 시료를 950℃의 온도로 태우면 $CaCO_3$ 성분이 CaO와 CO_2 성분으로 분해되는데, CaO와 LOI의 함유량이 80wt% 이상인 경우를 탄성염이 주를 이루는 모래로 분류하였다.

(3) 규산염과 탄산염이 혼재된 모래(mixed sand)

주변지역의 분석구 암석이 풍화나 하천으로부터 유입된 규산염 모래와 조개껍데기 및 홍조류 등의 탄산염 모래가 혼재된 경우로 제주외항지역과 종달지역, 신양지역, 중문지역, 화순지역, 사계지역, 이호지역 등에 존재한다.

제주외항지역의 경우 사라봉 분석구 일대의 응회암과 현무암이 풍화되어 탄산염 모래와 혼재되었고, 화순과 사계의 경우 송악산 응회환부터 화순지역의 용머리 응회환에 분포하고 있는 송악산 응회암, 용머리 응회암, 화산쇄설암 등이 풍화되어 탄성염모래와 혼재된 것으로 사료된다.

그 외 종달지역, 신양지역, 중문지역, 이호지역인 경우 하천으로부터 풍화된 모래가 유입된 것으로 사료된다.

2.1.2 제주도 해안지역 모래의 역학적 특성

제주도 해안지역 모래의 역학적 특성을 조사 분석하기 위해 모래의 삼축압축시험을 수행하였으며, 선행압밀하중(P_c)과 압축지수(C_c)를 산정하여 모래 지반의 침하특성을 분석하기 위한 압축시험을 시행하였다.

조사 대상 시료는 삼양지역의 모래와 김녕지역의 모래 그리고 제주외항지역의 모래에 대해 실시하였으며, 표 2.3은 삼축압축시험과 압축시험에 사용된 삼양지역, 김녕지역, 제주외항지역의 모래의 화학적·물리적 및 기본적인 특성을 정리한 표이다.

규산염 모래로 분류된 삼양지역의 모래는 다른 규산염 모래와는 달리 주변지역의 분화구에서 직접적인 암편 공급이 이루어졌다기보다는 하천을 통해 주로 유입된 것으로 판단되며, 태풍이나 폭풍으로 인해 주위의 사라봉과 원당봉분석구에서도 어느 정도의 암편이 유입된 것으로 사료된다.

　김녕지역의 모래는 대표적인 탄산염 모래로 서김녕부터 월정지역, 종달지역의 해안지역에 이르고 있으며, 북동지역 일대에 널리 분포되어 있는 모래로 강한 북서풍으로 인해 김녕지역의 만장굴 입구와 행원, 한동지역의 내륙까지 모래가 이동하여 모래언덕을 형성하고 있다.

표 2.3 모래의 특성

지역		삼양지역	김녕지역	제주외항지역
모래 종류		규산염모래	탄산염모래	구산염과 탄산염이 혼재된 모래
XRF 시험	$SiO_2 + Al_2O_3 + Fe_2O_3$	75.98	1.59	40.54
	$Cao + LOI$	10.48	90.01	46.64
주요 광물		장석	방해석(calcite)	장석(feldspar) 방해석(calcite) 방비석(analcime)
비중		2.87	2.69	2.74
입경분포	D_{10}	0.17	0.17	0.22
	D_{30}	0.19	0.2	0.31
	D_{60}	0.23	0.27	0.46
	C_u	1.35	1.59	2.09
	C_g	0.92	0.87	0.95
통일분류법(U.S.C.S)		SP	SP	SP
최대간극비(e_{max})		1.109	1.690	1.768
최소간극비(e_{min})		0.75	1.205	1.246

　제주외항지역의 모래는 혼재된 모래로 제주외항 항만시설 축조공사 구역 내 연안에 분포하고 있으며, 사라봉－별도봉 분석구의 암편의 풍화와 어패류가 혼재된 것으로 분류되었다. 특히 사라봉과 연안이 접하는 부분에는 비석거리 하와이아이트와 풍화가 쉬운 별도봉 응회암이 존재하며 현무암류 하부에 20cm 두께의 단위층이 반복 퇴적되었으며 낮은 각도의 사층리가 존재한 것으로 연구되고 있다(제주·애월도폭 지질보고서).

(1) 모래의 거동특성

　삼양지역, 김녕지역, 제주외항지역 등 각 지역의 모래에 대한 삼축압축시험 결과 모래의 강도는 상대밀도가 증가함에 따라 그림 2.3과 같이 증가하였다. 즉, 내부마찰각은 그림 2.3에서 보는 바와 같이 탄산염 모래인 김녕모래는 41.6~45.0°로 크게 나타난 반면에 탄산염과 규산염이 혼재된 모래인 제주외항지역의 모래는 내부마찰각이 34.8~37.6°로 낮게 나타났다. 그러나 규산염 모래 종류인 삼양지역의 모래는 37.4~43.0°로 중간 정도의 내부마찰각을 나타냈다.

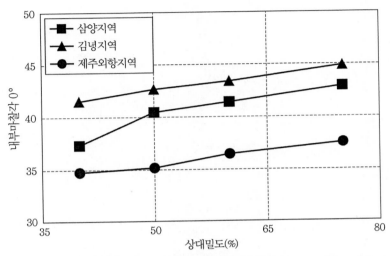

그림 2.3 삼양지역, 김녕지역, 제주외항지역의 내부마찰각과 상대밀도 관계

그림 2.4~2.5는 각 모래에 대한 상대밀도 50%, 75%에서, 구속압이 0.51kg/cm²와 2.04kg/cm²인 경우에 대한 축차응력과 체적변형률의 거동을 비교한 결과이다.

우선 그림 2.4(a)는 상대밀도가 50%인 느슨한 밀도상태에서 구속압이 0.51kg/cm²인 경우 삼양지역, 김녕지역, 제주외항지역의 모래의 축차응력거동과 체적변형률거동을 비교·도시한 그림이다. 축차응력의 크기는 김녕지역, 삼양지역, 제주외항지역의 순으로 나타났으며, 삼양지역 모래의 경우 다른 모래에 비해 급격하게 응력이 증가하다가 축변형률이 약 5.2%일 때 파괴가 발생하였으며, 김녕지역의 모래는 축변형률이 10.8%, 제주외항 지역의 모래는 약 12.0%에서 파괴가 발생하였다.

축차응력이 증가하는 동안 체적변형률을 비교해보면 삼양지역 모래의 경우 전단 초기에는 미비하게 압축이 일어나다가 축변형률이 0.7% 이후에는 팽창이 급속하게 발생하였으며, 상대적으로 제주외항인 경우 체적변형률이 적게 일어났다.

그림 2.4(b)는 상대밀도가 50%, 구속압이 2.04kg/cm²인 경우 각 모래에 대한 축차응력거동과 체적변형률거동을 비교한 것으로 구속압이 0.51kg/cm²인 경우에 비해 축변형률이 3~10% 정도 더 일어난 후 파괴됨을 알 수 있다. 체적변형률은 삼양지역 모래인 경우 높은 구속압 상태에서도 체적이 크게 팽창하였으나 김녕지역과 제주외항지역 모래인 경우 압축이 일어나다가 축변형률 10% 이후에서는 일정한 것으로 나타났다.

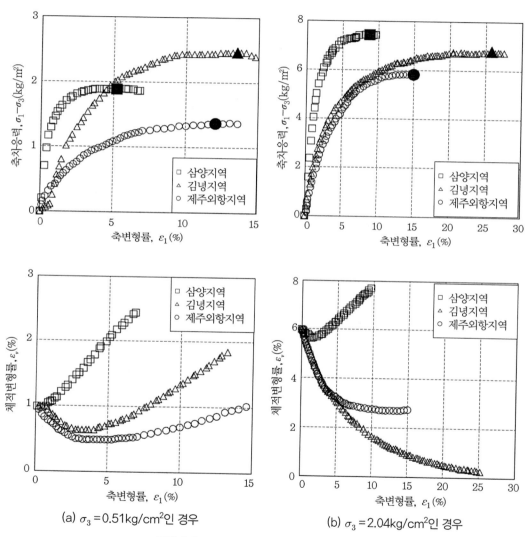

(a) $\sigma_3 = 0.51$kg/cm²인 경우   (b) $\sigma_3 = 2.04$kg/cm²인 경우

그림 2.4 $D_r = 50$%인 제주도모래의 거동특성

한편 그림 2.5(a)는 상대밀도가 75%이고 구속압이 0.51kg/cm²인 경우에서는 축차응력이 낮은 상대밀도와 구속응력에 비해 큰 응력하에서 파괴되는 것을 알 수 있다. 또한 같은 구속압 하에서 제주외항지역의 모래인 경우 상대밀도가 50%인 경우에 비해 축변형률이 약간 증가한 뒤 파괴가 발생하였으나 나머지 모래에서는 상대밀도가 50%인 경우에서보다는 축변형률이 적은 상태에서 파괴가 발생하였으며 체적변형률은 상대적으로 큰 팽창이 일어났다.

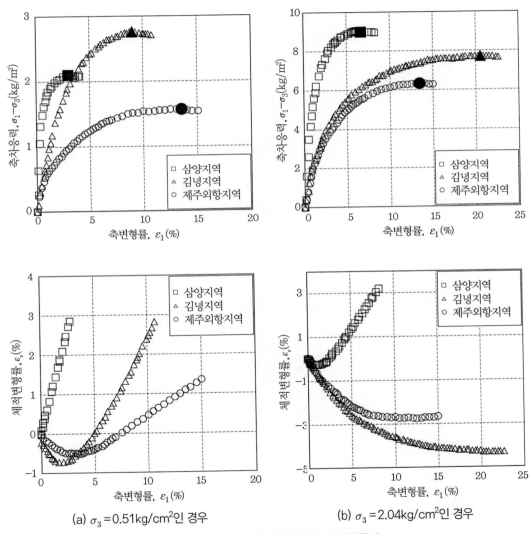

(a) $\sigma_3 = 0.51$kg/cm²인 경우

(b) $\sigma_3 = 2.04$kg/cm²인 경우

그림 2.5 $D_r = 75$%인 제주도모래의 거동특성

그림 2.5(b)는 상대밀도가 75%이고 구속압이 2.04kg/cm²인 경우에서의 축차응력거동과 체적변형률거동을 비교한 것이다. 낮은 구속응력에서는 김녕지역 모래가 삼양지역의 모래보다 큰 축차응력이 발생하였으며, 체적변형률은 삼양지역 모래인 경우 상대밀도가 50%이고 구속압이 2.04kg/cm²인 경우보다 크게 일어났다.

이상에서 검토한 바와 같이 상대밀도가 증가할수록 축차응력은 증가하고, 축변형률이 상대적으로 낮은 상태에서 파괴가 일어나며, 체적변형률은 상대밀도가 높고 구속압이 낮을수록 체적팽창이 증가함을 알 수 있었다.

그러나 낮은 구속압하에서 최대축차응력은 김녕지역 모래가 삼양지역 모래보다는 크나 높은 구속압에서는 오히려 삼양지역의 모래가 비슷하거나 큰 축차응력이 발생이 일어났다. 또한 낮은 구속압에서 발생하지 않았던 점착력이 김녕지역의 모래의 경우 높은 구속압에서 발생하고, 또한 축차응력이 상대적으로 낮은 결과로 나타났다. 또한 낮은 구속압에서는 김녕지역의 모래에 비해 제주외항지역의 모래가 축변형률이 제일 크게 일어난 상태에서 파괴가 일어났지만, 높은 구속압에서는 이와 반대로 김녕지역의 모래가 제주외항지역 모래에 비해 축변형률이 5% 더 발생한 후 파괴가 일어났다.

이는 김녕지역의 모래가 높은 구속압에서 모래의 입자가 파쇄와 재배열되어 축변형률이 증가한 것으로 사료되며, 이때의 점착력 또한 파쇄와 재배열의 반복으로 인해 발생한 것으로 판단된다.

김녕지역과 제주외항지역의 모래의 경우 높은 구속압에서는 체적팽창이 미비하였으나 삼양지역의 모래의 경우 낮은 상대밀도와 높은 구속압상태에서도 체적팽창이 두드러지게 나타났다.

(2) 탄성계수

일반적으로 모래의 탄성계수는 느슨한 모래의 경우 1,019~2,854t/m², 조밀한 모래의 경우는 3,568~7,136t/m²이다. 제주지역 모래에 대해서도 축대칭 삼축압축시험 결과에서 탄성계수(변형계수)를 구하였다.

탄성계수를 결정하는 방법으로 여기서는 파괴전단응력의 1/2 지점의 변형률 값을 기준으로 다음과 같은 식으로 삼양지역, 김녕지역, 제주외항지역 모래에 대한 탄성계수를 구하였다.

$$E = \frac{q(축차응력)_{max}}{2 \times \epsilon (1/2q_{max}에서의\ 변형률)} \tag{2.1}$$

삼축시험 결과 구한 각 모래에 대한 탄성계수는 표 2.4와 같다. 삼양지역의 모래는 탄성계수가 조밀한 모래에 속하며, 김녕지역의 모래는 느슨한 모래 그리고 제주외항지역의 모래는 단단한 점토의 범위에 속하는 것으로 제주외항 지역의 모래층에 대한 탄성침하량 계산 시 일반적인 모래의 탄성계수를 적용할 경우 상대적으로 낮은 탄성계수로 인해 탄성침하량이 과소평가될 우려가 있을 것으로 사료된다.

표 2.4 제주도 모래의 탄성계수

위치	탄성계수(t/m^2)
삼양지역	1,992.1~5,647.2
김녕지역	750.5~1,709.4
제주외항지역	262.3~1,552.1

(3) 압축특성

그림 2.6은 삼양지역, 김녕지역, 제주외항지역 모래의 압축특성을 비교한 그림이다. 이들 모래에 대한 압축시험 결과 나타난 공시체의 압축량을 도시한 그림이다. 압축시험은 표준 고정링(6×2cm)을 사용한 경우와 대형 고정링(10.4×3.5cm)을 이용한 경우의 두 가지로 실시하여 그 결과를 비교하였다.

삼양지역, 김녕지역, 제주외항지역 모래의 압축시험 결과 삼양지역의 모래는 공시체의 높이의 약 3.2% 정도 압축이 일어났으며, 김녕지역 모래의 경우는 8.4% 그리고 제주외항지역 모래의 경우는 약 11.1%로 다른 모래에 비해 큰 압축성을 나타냈다.

이는 모래의 생성과정과 FE-SEM의 표면 특징을 보면(조성한, 2007), 삼양지역의 모래인 경우 하천으로부터 암편이 공급되어 형성된 모래로 FE-SEM의 결과 표면이 고르고 단단한 형상을 나타내고 있다. 특히 강모래의 특징과 유사한 것으로 사료된다.

그러나 김녕지역과 제주외항지역 모래의 경우 어패류의 구성성분이 탄산염을 포함하고 있다. 특히 FE-SEM 촬영 결과(조성한, 2007) 모래의 알갱이가 균일하지 않고 기공이 발달하였으며 조개껍데기 또는 어류의 뼈 같은 형상이 다수 포함하고 있다. 이는 하중이 작용 시 기공과 약한 부분의 파쇄로 인해 침하가 더 발생할 것으로 판단된다.

제주외항지역 모래의 어패류를 나타내는 탄산염 함유량은 46.64wt%으로 나타났다. 김녕지역 모래의 탄산염 함유량이 90.01wt%로 김녕지역 모래에 탄산염이 많으나 제주외항지역모래가 압축성이 더 큰 것으로 나타났다. 이는 해안에서 모래를 채취한 김녕지역과는 달리 제주외항지역의 모래는 해수 깊은 곳에서 채취한 것으로 육상지역에서 채취된 모래보다는 약한 것으로 사료된다. 이는 제주외항지역의 모래가 김녕지역 모래보다 압축이 더 발생한 것 으로 판단된다.

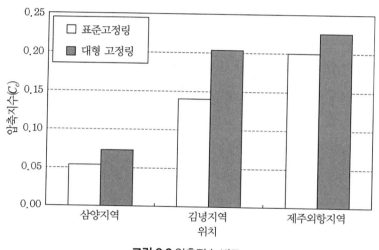

그림 2.6 압축지수 비교

본 압축시험에 사용된 시료는 입도분석 결과 입경이 대부분 0.1~1.0mm 범위를 나타냈다. 기존의 표준 고정링(6×2cm)을 이용한 압축시험과 대형 고정링(10.4×3.5cm)을 이용하여 압축 시험한 결과 P_c는 비슷한 결과를 나타냈다(조성한, 2007).

그러나 표준 고정링으로 구한 압축지수는 대형 고정링에 비해 그림 2.6에서 보는 바와 같 이 낮은 결과를 보였다. $\sqrt{t}$법과 $\log t$법에 의한 곡선은 대형 고정형링에 비해 압축경향이 발생하였다. 모래의 입경 크기를 고려했을 때 표준 고정링을 이용한 압축지수의 결과 등 각종 압축계수는 과소평가되거나 정밀성이 떨어질 우려가 있을 것으로 사료된다.

사질토지반 특히 모래의 침하에서 즉시침하량성분이 지배적이다. 삼양지역의 모래의 경우 는 그림 2.7에서 보는 바와 같이 낮은 응력에서는 초기압축비율이 약 90% 이상으로 나타났다가 8t/m² 이상의 압축응력에서는 초기압축비율이 약 75~80%로 나타났다.

한편 김녕지역 모래의 경우는 16t/m² 응력까지는 초기압축비율이 40~65%까지 변동을 보이다가 16t/m² 이후 응력에서는 초기압축비율이 증가하는 경향을 보였다.

그러나 제주외항지역 모래의 경우는 초기압축비율이 16t/m² 응력까지 감소하다가 이후에는 초기압축비율이 증가하였다. 이는 낮은 응력상태에서는 모래의 입자 재배열로 인한 압축이 크기 때문이며, 특히 김녕지역과 제주외항지역 모래의 경우 입자 재배열(특히 모래의 입자 파쇄로 인한 입자 재배열)의 반복으로 인해 삼양지역 모래보다는 초기압축비율이 낮은 것으로 사료된다.

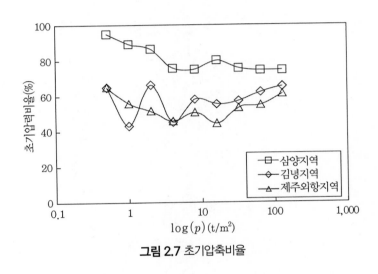

그림 2.7 초기압축비율

(4) 모래의 파쇄성

모래의 압축시험 중 하중재하에 따른 압축뿐만 아니라 모래입자의 파쇄로 인한 압축도 발생한다. 모래의 파쇄성을 알기 위해 압축시험 전후의 입도분석을 실시하였다. 그림 2.8은 압축시험 전후의 입도분석 결과를 비교한 결과이다.

그림 2.8에서 보는 바와 같이 입도분석 결과 삼양지역 모래의 경우는 압축시험 전후의 입도곡선이 거의 동일한 결과를 보이고 있으나 김녕지역 모래와 제주외항지역 모래의 경우는 시험 후 모래의 입경이 시험 전에 비해 다소 감소하였음을 알 수 있다. 이는 응력에 의한 입자 파쇄가 있었음을 명확히 드러내고 있음을 의미한다.

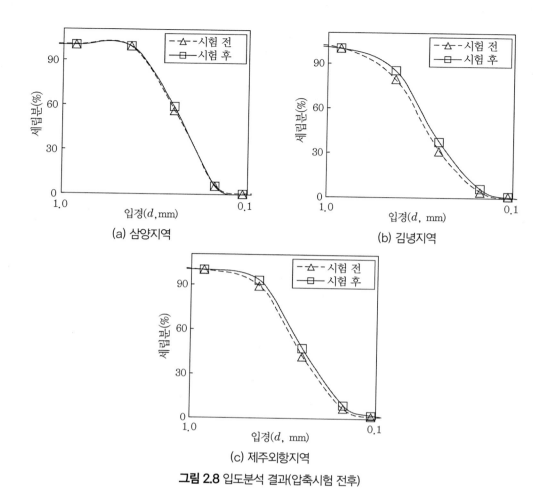

그림 2.8 입도분석 결과(압축시험 전후)

2.2 점토질 모래 지반의 침하량

2.2.1 서론

통일분류법에서는 NO.200체 통과량이 50% 이상인 흙을 세립토로 분류하며, AASHTO 분류법에서는 NO.200체 통과량이 35% 이상인 흙을 세립토로 구분하고 있다. 따라서 NO.200체 통과량이 35~50% 사이의 흙에 대한 분류기준 차이로 인한 기준 정립이 필요하다.[19,20]

세립분(실트, 점토)의 함유율이 50%에 가까우면 조립토의 조립분 입자들은 세립분으로 완전히 둘러싸여 고립상태가 되고 입자끼리 접촉할 수도 없는 상태에 있게 된다. 이러한 흙은 전체적으로 보아 세립분의 특성이 지배하게 된다. 따라서 조립토와 세립토의 구분 방법은 AASHTO 분류 방법이 타당할 것으로 생각된다.

그러나 현재 우리나라의 설계에서는 흙의 분류를 통일분류법에 의해서 분류하고 있다. 통일분류법에 의해 NO.200체 통과량이 12~50%에 해당하는 점토질 모래는 모래로 취급하고 있다.

점토질 모래를 모래로 취급함으로써 침하량 산정 시 즉시침하가 발생하는 것으로 산정하고 있으나 실제로는 점성토와 같이 거동하여 압밀침하에 의하여 장기침하가 발생하며, 필요 시 연약지반 처리가 필요하다.[12,14,18]

침하량 산정 시 점토질 모래를 모래로 취급하느냐 아니면 점성토로 취급하느냐에 따라 압밀침하 차이로 인해 허용침하량을 상회하는 경우가 발생되어 성토 포장면의 균열이 생기는 등의 악영향을 미친다. 보수에 막대한 경비가 소요되고 있는 실정이다. 일반적으로 도로 및 철도의 성토로 인한 허용침하량 기준은 10cm이며, 고속철도의 경우는 허용침하량 기준을 2.5cm를 제시하고 있다. 따라서 점토질 모래는 점성토로 취급하여 공학적 특성을 파악하고 압밀침하량을 산정할 필요가 있다.

앞에서 설명한 바와 같이 점토질 모래를 모래로 취급하여 즉시침만 고려하여 설계 시공한 경우 도로 개통 이후 압밀침하에 의한 장기침하가 발생한다는 사실로부터, 점토질 모래에 대한 올바른 인식과 취급이 필요함을 알 수 있었다.

따라서 2.2절에서는 점토질 모래를 점성토로 취급하여 침하량 특성을 파악하고 압밀침하량을 합리적으로 산정할 수 있는 방법을 개발·제안함을 본 연구의 궁극적인 목적으로 한다.

먼저 우리나라 점토질 모래의 지역별 분포 현황을 파악하고 공학적 특성을 분석한다. 전국적으로 적지 않은 분량의 점토질 모래가 분포하고 있는 것으로 예상되므로 이에 대한 정확한 파악을 목적으로 전 국토에 분포되어 있는 흙의 종류별 토사의 분포를 파악한다. 이 중 점토질 모래의 비율이 어느 정도인지 먼저 파악할 필요가 있다.

다음으로 점토질 모래에 대한 압밀특성을 국내외 자료를 수집하여 비교·분석한다. 일반적으로 점토질 모래의 압밀특성을 파악하기 위해 기존 연구문헌을 수집하여 세립분 함유량에 따른 압밀특성을 파악하고자 한다.

그런 후 설계사례를 통한 압밀시험 결과치와 외국자료를 비교·분석하여 적용설계정수의 신뢰성을 확인한다. 이는 점토질 모래의 압밀침하량의 크기를 파악하는 데 절대적으로 필요한 과정이다.

2.2.2 우리나라 지역별 토질 분포

우리나라는 전국토의 70% 정도가 화강암 및 화강편마암으로 구성되어 있다. 이들 모암이 지하에서 심층풍화된 화강암질 풍화토로 잔류하여 많이 분포하고 있다. 건설부 국립건설연구원(1994)의 연구[12]에 의하면 국내 화강풍화토의 대부분은 표 2.5에 도시된 바와 같이 SM(실트질 모래 및 모래실트 혼합토)과 SC(점토질 모래 및 모래점토 혼합토)에 속한다고 보고되었다.

표 2.5 지역별 토질분포율(%)

구분	조립토								세립토					
토군	자갈 및 자갈질 흙				모래 및 모래질 흙				실트 및 점토 ($LL<50\%$)			실트 및 점토 ($LL>50\%$)		
통일분류	GW	GP	GM	GC	SW	SP	SM	SC	ML	CL	OL	MH	CH	OH
강원	3.1	3.5	6.7	9.8	4.7	7.8	37.4	2.4	14.1	8.3	0	0	2.4	0
서울	0.6	0	0.8	0.2	2.2	6.4	33.3	3.5	30.8	21.2	0	0.6	0.2	0
인천	0	0	1.0	0.5	2.6	3.1	36.3	7.9	28.4	14.2	0.5	1.6	3.7	0
경기	0.9	0.2	0.6	0	5.1	4.9	50.9	4.8	14.3	16.4	0	1.1	0.6	0
충북	0	0	3.4	0	12.1	13.4	52.3	4.7	6.0	8.0	0	0	0	0
충남	0	0.3	0.1	0	2.1	5.2	50.3	4.8	14.1	22.0	0	0.7	0	0
전북	0	0	0.5	0	3.4	10.7	31.1	11.6	15.0	20.4	0	0.9	6.3	0
전남	2.6	0	1.7	0.4	7.8	7.4	36.6	4.0	18.5	12.6	0	4.8	3.3	0.4
대구	0	0	1.8	0	4.3	0.4	20.0	1.3	21.4	48.4	0	0.4	1.7	0
경북	1.2	4.3	0.9	0.8	6.3	5.1	23.9	0.8	21.5	15.1	0.8	9.1	5.6	4.4
부산	0	0	3.7	0	2.8	0	49.3	0.9	15.9	25.8	0	0.4	0.9	0
경남	0.4	3.1	6.2	1.1	1.9	1.9	34.5	5.5	17.6	21.5	0	1.9	3.9	0
제주	1.8	0	30.9	0	0	0	5.4	0	7.2	30.9	0	0	23.6	0

그림 2.9는 전국 74개 주요도시에 건설한 176개의 택지개발지구에서 표본 추출한 3,658개소의 실내 토질 시험성과자료 및 1991년 건설한 제주도의 2개 지구에 대한 55개소의 시험성과자료를 이용하여 지역별 및 전국 토질분포율을 산정하여 제공된 결과이다.[10-12]

그림 2.9에 의하면 서울, 인천의 분포율이 비슷하며 SM 42~43%, ML 30~31%, CL 18~21%로 크게 3개의 토질로 분류할 수 있다.

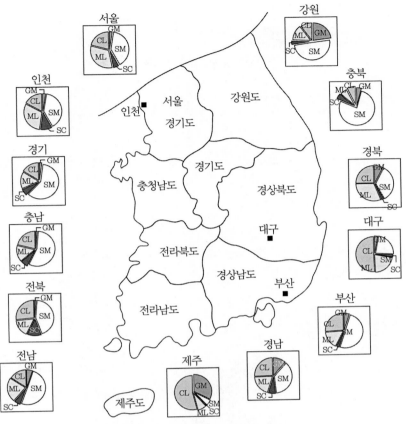

그림 2.9 우리나라의 토질분포도[10,11]

또한 경기, 충남의 경우는 SM 58~61%, ML 15%, CL 17~22%로 분포하며, 전북, 전남의 경우는 SM 45~55%, ML 16~23%, CL 16~24%로 분포한다. 강원의 경우는 SM 50%, ML 14%, CL 17%, GM 23%로 타 지역에 비해 GM의 비중이 큰 것으로 분석되었으며, 충북은 SM 이 78%로 분포한다. 경북, 경남의 경우는 SM 36~39%, ML 20~31%, CL 25%로 분포하며, 부산의 경우도 비슷하나 SM 52%로 분포한다.

한편 대구, 제주의 경우는 CL 50~55%로 크게 분포하며, 제주의 경우는 GM이 33%로 분포하는 것으로 분석되었다.

이들 시추조사 결과를 조립토와 세립토로 분류하고 통일분류법으로 세분하여 정리하면 표 2.6과 같다.[10]

표 2.6 전국 토질분포율(%)[10]

구분	조립토								세립토					
토군	자갈 및 자갈질흙				모래 및 모래질흙				실트 및 점토 ($LL<50$%)			실트 및 점토 ($LL=50$%)		
통일분류	GW	GP	GM	GC	SW	SP	SM	SC	ML	CL	OL	MH	CH	OH
표본추출개소	31	31	86	33	161	194	1,450	156	679	730	2	63	84	13
분포율(%)	0.8	0.8	2.3	0.9	4.3	5.2	39.0	4.2	18.3	19.7	0.1	1.7	2.3	0.4
소계(%)	4.87				52.82				38.00			4.31		
합계(%)	57.69								42.31					

한편 SC(점토질 모래)의 지역별 분포율이 인천 7.89%, 전북 11.65%, 경남 5.49%로 분포하며 전국 평균 4.2%로 분포한다.

2.2.3 점토질 모래의 침하량 산정 방법

표 2.7에 의하면 N치가 보통 4 이하면 점성토 및 사질토 구분 없이 연약지반으로 분류한다. 따라서 이 기준에 따라 N치가 4 이하인 점토질 모래는 연약지반으로 판정할 수 있다.[3,4] 그러나 점토질 모래는 점성토의 특성을 지니고 있음에도 불구하고 통일분류법에 의하면 모래로 구분되는 경우가 많다. 현행 설계법에서 모래의 경우는 침하량을 순간침하량으로 산정되는 데 비하여 점성토의 경우는 압밀침하량으로 산정된다. 따라서 이 두 경우 침하량의 크기와 발생 시간에는 큰 차이가 있다.

점토질 모래 연약지반상에 성토를 시공하면 지반에는 상당량의 침하가 장기간에 걸쳐 계속될 것이 예상된다. 연약지반의 침하는 압밀현상에 의한 침하가 대부분이다.

표 2.7 연약지반 판정기준

구분	점성토 및 유기질토 지반		사질토 지반
층두께	10m 미만	10m 이상	
N치	4 이하	6 이하	10 이하
q_c(kPa)	800 이하	1,200 이하	-
q_u(kPa)	60 이하	100 이하	-

* q_c: 콘관입저항, q_u: 일축압축강도

그러나 이 밖에도 재하 당초에 순간적으로 생기는 즉시침하도 아울러 생각할 필요가 있다. 일반적으로 압밀침하량은 1차원적으로 생각하여 Terzaghi 압밀이론에 의해 포화 점토 중의 간극수가 재하하중에 의해 서서히 배수되는 양만큼 체적이 감소되는 것으로 산출한다.

연약지반은 일반적으로 강도가 약하고 압축되기 쉬운 흙으로 구성된 지반이며, 지반의 연약성은 연약지반에 축조되는 구조물의 종류, 규모, 하중강도 등에 대한 상대적인 의미로 해석 및 평가해야 한다.

(1) 모래로 취급하는 경우의 침하량 산정

즉시침하량은 재하 초기의 전단변형에 의거한 사항이며, 점토층에 존재하는 모래층 또는 사질지반에 발생하는 침하는 즉시침하라고 생각할 수 있다.

현재 설계법에서는 점토질 모래는 모래로 취급하여 침하량을 산정하며, 표 2.8에 정리되어 있는 즉시침하량 산정식을 이용하여 산정하도록 되어 있다.

표 2.8 즉시침하량 산정식[13]

구분	이론	적용식
사질토	Hough 제안식	$S_i = \dfrac{C_s}{1+e_0} \cdot H_s \cdot \log \dfrac{P_0 + \Delta P}{P_0}$
	De Beer 제안식-q_c 이용	$S_i = 1.53 \dfrac{P_0}{q_c} \cdot H_s \cdot \log \dfrac{P_0 + \Delta P}{P_0}$
	De Beer 제안식-N 이용	$S_i = 0.4 \dfrac{P_0}{N} \cdot H_s \cdot \log \dfrac{P_0 + \Delta P}{P_0}$
	Schmertmann 제안식	$S_i = C_1 \cdot C_2 \cdot (q' - q) \cdot \sum \dfrac{I_z}{E_s} \cdot \Delta z$
점성토	Janbu, Bjerrum, Kjaernsli 제안식	$S_i = \mu_1 \cdot \mu_2 \cdot \dfrac{qB}{E}$
	도로설계요령(일본 자료)	$S_i = \dfrac{1}{100} \cdot A \cdot \gamma_{tE} \cdot H_E$

여기서, $C_s = e - \log P$ 곡선의 기울기 $e_0 =$ 연약층의 초기간극비

$P_0 =$ 유효상재응력(kgf/cm²) $H_s =$ 연약층 각 층의 두께(cm)

$q_c =$ 콘지수 $N =$ 평균 N치

$$C_1 = 1 - 0.5[q/(q'-q)]$$

q = 토피하중

E_s = 지반의 탄성계수

B = 기초폭

A = 지반의 즉시 침하정수(cm²/g)

H_E = 제체높이(cm)

$$C_2 = 1 + 0.2\log(t/0.1)\ (t: \text{년 수})$$

I_z = 변형률 영향계수

μ_1, μ_2 = 침하영향계수(H/B, Df/B)의 함수

D_f = 기초근입깊이

γ_{tE} = 성토재료의 단위체적중량(g/cm³)

q' = 접지압

(2) 점성토로 취급하는 경우의 침하량 산정

압밀침하량은 1차원적으로 생각하여 Terzaghi의 압밀이론에 의해 포화점토 중의 간극수가 재하하중에 의해 서서히 배수되는 양만큼 체적이 감소되는 것으로 산출되며, 점토층의 압축시험 결과에 의한다.

점성토(CL, ML)는 표 2.9에 정리되어 있는 압밀침하량 산정식을 이용하여 산정한다.

표 2.9 압밀침하량 산정식[13]

구분		조건	적용식
1차 압밀	과소압밀	$P_0 > P_c$	$S_c = \dfrac{C_c}{1+e_0} \cdot H \cdot \log\dfrac{P_0 + \Delta P}{P_c}$
	정규압밀점토	$P_0 = P_c$	$S_c = \dfrac{C_c}{1+e_0} \cdot H \cdot \log\dfrac{P_0 + \Delta P}{P_0}$
	과압밀점토 ($P_0 < P_c$)	$P_0 + \Delta P \leq P_c$	$S_c = \dfrac{C_r}{1+e_0} \cdot H \cdot \log\dfrac{P_0 + \Delta P}{P_0}$
		$P_0 + \Delta P > P_c$	$S_c = \dfrac{C_r}{1+e_0} \cdot H \cdot \log\dfrac{P_c}{P_0} + \dfrac{C_c}{1+e_0} \cdot H \cdot \log\dfrac{P_0 + \Delta P}{P_c}$
2차 압밀			$S_s = \dfrac{C_\alpha}{1+e} \cdot H' \cdot \log\dfrac{t_p + t}{t_p}$

여기서, S_c = 1차 압밀 침하량(m)

C_c = 압축지수(무차원)

C_a = 2차 압축지수

p_0 = 원위치 유효응력(kg/cm²)

S_s = 2차 압밀 침하량(m)

C_r = 팽창지수(무차원)

e_0 = 초기 간극비(무차원)

p_c = 선행압밀하중(kg/cm²)

Δp = 유효응력의 증가량(kg/cm²)　　　e = 1차 압밀 후 간극비

t_p = 1차 압밀 소요시간　　　　　　　　t = 1차 압밀 후 시간

(3) 허용침하량 기준

① 잔류침하량은 구조물의 사용 목적, 중요도, 공사기간, 지반의 특성, 포장종류, 경제성
  등을 고려하여 결정해야 한다.

② 현재 국내 도로공사에 적용되는 개략적인 기준은 아래 표 2.10과 같다.

③ 연약지반을 통과하는 도로는 포장의 종류, 잔류침하량의 크기 등에 따라서 다소의 차이
  는 있다.

　ⓐ 연성포장의 경우에는 침하가 발생되며 아스팔트 등의 덧씌우기 공법 등으로 보수가
  　가능하다.

　ⓑ 강성포장의 경우에는 침하량이 커지면 치명적인 손상을 주므로 주의가 요망된다.

④ 연약지반구간에서는 일반적으로 설계 시와 시공 시의 오차가 발생되고 있으므로 연성
  포장을 원칙으로 한다.

⑤ 허용잔류침하량 문제는 침하량으로 결정할 것이냐 압밀로 결정할 것이냐 등은 다소 논
  란이 되고 있으나 외국의 사례를 보면 대부분 침하량으로 결정되고 있으며, 허용침하
  량은 100~200mm로 한다.

표 2.10 허용잔류침하량[13]

조건	허용잔류침하량(mm)	비고
포장공사 완료 후의 노면 요철	100	연약지반의 지질특성상 장기침하 발생 가능
BOX CULVERT 시공 시의 더올림 시	300	
배수시설	150~300	

2.2.4 고찰

부상필(2012)은 우리나라에 분포하는 점토질 모래에 대한 지역별 공학적 특성을 분석하여
점성토와의 상관성을 파악하였다.[21] 현행 설계법에서는 점토질 모래를 통일분류법(USCS) 기
준에 의거 모래로 취급하여 즉시침하량으로 해석하는 것이 주를 이루고 있으며, 비교란시료

를 채취하지 않아 역학적 시험을 실시하지 않고 있다.

부상필(2012)은 점토질 모래를 점성토로 취급하여 압밀특성과 침하량을 분석하여, 모래로 취급하였을 때의 침하량과 비교·분석하였다. 부상필의 검토 결과를 요약·정리하면 다음과 같다.[21]

① 우리나라에 분포하는 점토질 모래의 공학적 특성을 분석한 결과 남해안 점토질 모래가 서해안 점토질 모래보다 자연함수비가 10% 정도 높은 상태에 있으며, 남해안 $W_n/LL = 0.0371(W_n) - 0.1378$, 서해안 $W_n/LL = 0.0258(W_n) + 0.0621$의 상관성을 보여 남해안 시료가 서해안 시료보다 더 액성한계에 근접한 함수비를 가지고 있다고 할 수 있고 더 연약한 유동성을 가지고 있다고 할 수 있다.

② 연구 대상 시료에 의한 역학적 시험 결과와 기존문헌에 의한 점토질 모래의 압축지수(C_c), 압밀계수(C_v)는 세립분함유율이 30% 이상부터는 점성토의 압밀특성을 보이는 것으로 분석되었다.

③ 낙동강 하구에 분포하는 점토질 모래의 침하량산정 사례를 분석한 결과 성토고, 점토질 모래 층후에 따라 압밀침하량과 즉시침하량비 α와 $1/(D \times H)$의 상관성은 $\alpha = 73.593 \times \{1/(D \times H)\} + 0.414$로 분석되었으며, 침하량은 모래로 취급했을 때보다 점토로 취급했을 경우가 대략 1.0~2.0배 큰 것으로 분석되었다.

④ Modified Cam-clay에 의한 수치해석 결과와 C_c법과의 상관성을 비교하기 위해 지중영향계수 I_σ를 반영하였으며, 수치해석 침하량과 압밀침하량과 I_σ의 상관성을 분석한 결과 영향치 $I_\sigma = 0.8 \sim 1.0$ 범위에서 서로 잘 일치하는 것으로 분석되었다.

| 참고문헌 |

1) 김진경 · 우경식 · 강순석(2003), '제주도 우도의 홍조단괴 해빈 퇴적물의 특징과 형조건: 예비연구 결과', 한국해양학회지 바다, 제8권, 제4호, pp.401-410.

2) 소재관(2002), '송이(Scoria)의 거동특성 및 예측에 관한 연구', 제주대학교 석사학위논문, pp.49-71.

3) 박성영 · 오다영(1998), '국내 연약지반의 지역별 공학적 특성(1), (2)', 대한토목학회지, 제46권, 제9호, pp.46-57; 69-79.

4) 박영목 · 윤상종 · 채종길(2009), '연약지반의 입도 혼합비를 고려한 압밀특성 평가', 한국지반공학회 논문집, 제25권, 10호, p.99-110.

5) 원종관(1975), '제주도의 형성과 화산활동에 관한 연구', 건국대학교 이학논총, 제1집.

6) 오동일(2004), '송이(Scoria)의 강도특성 및 CBR에 관한 연'구, 제주대학교 석사학위논문, pp.25-41.

7) 윤종수(1985), '제주 연안의 해빈퇴적물에 관한 연구', 광산지질학회지, 제18권, 제1호, pp.55-63.

8) 조성한(2007), '제주 해안지역 모래의 특성에 관한 연구', 제주대학교대학원, 공학석사학위논문.

9) 지옥미 · 우경식(1995), '제주도 해빈퇴적물의 구성성분', 한국해양학회지, 제30권, 제5호, pp.480-492.

10) 정철호(1989), '통일분류에 의한 우리 날 토질의 공학적 특성에 관한 확률론적 연구', 대한토목학회 논문집, 제9권, 제3호, 대한토목학회, pp.115-123.

11) 정철호(1990), '우리나라 실트질 해성점토의 분포와 공학적 특성분석', 동국대학교대학원, 박사학위 논문.

12) 한국건설기술연구원(1994), '국내 해안연약지반의 공학적 특성 평가', 건기연 94-GE-112-2.

13) 한국도로공사(2010), 2009년도 고속도로 설계실무자료집.

14) 한국지반공학회(2005), 연약지반.

15) 한국자원연구소(2000), '모슬포 · 한림도폭 지질보고서', 제주도 · 한국자원연구소, pp.8-33.

16) 한국자원연구소(1998), '제주 · 애월도폭 지질보고서', 제주도 · 한국자원연구소, pp.21-23.

17) 한국지질자원연구원(2003), '제주도 지질여행', 제주발전연구원, pp.74-137.

18) 허열 · 이처근 · 윤석현(2007), '점성토지반의 토질정수 평가', 건설기술연구소 논문집, 제26권, 제1호.

19) Kurata, S. and Fujishita, T.(1959), "Research on the Engineering Properties of Sand-Clay Mixtures", Report of Transportation Technical Research Institute, Vol.11, No.9, pp.389-424.

20) Prakasha, K. S. and Chandrasekaran, V. S.(2005), "Behavior of Marine Sand-Clay Mixtures under Static and Cyclic Triaxial Shear", Journal of Geoenvironmental Engineering, Vol.131, No.2, pp.213-222.

21) 부상필(2012), '우리나라에 분포하는 점토질 모래(SC)의 침하량 산정에 관한 연구', 중앙대학교건설 대학원, 공학석사논문.

내륙지역지반의 동결심도

3.1 서 론

지구의 지각을 구성하고 있는 흙이나 암석과 같은 물질은 지표면의 온도가 결빙온도 0℃ (32℉) 이하가 될 때 결빙상태에 있게 된다. 이러한 결빙상태의 흙은 연중 동결상태에 있는 영구동결토와 추운 겨울에만 동결상태에 있는 계절적 동결토로 구분된다.[32,33]

우리나라는 12월부터 2월까지의 동절기가 있으므로 우리나라는 계절적 동결지대에 속하는데, 이러한 계절적 동결토는 계절의 변화에 따라 동결, 비동결토의 주기를 가진다.[1,6] 결빙 시 흙속에 있는 물이 얼어 결빙되면 그 체적은 9% 정도 증가하며 동상현상이 일어난다. 연구에 의하면 이러한 동상현상은 흙속의 얼음 결정체들이 인접한 비동결층 흙속의 간극 속에 존재하는 물을 모관작용으로 계속 흡수하며 흡입된 이 물이 추가적으로 결빙이 되어 아이스렌즈가 형성된다. 이 아이스렌즈 형성 시의 수직압력이 지표면을 더욱 융기시킨다는 사실이 알려졌다.[2,23,24]

한편 해빙기에는 지반의 연약화 및 투수의 부진 등으로 인하여 지지력 감소는 물론 지반구조물의 균열, 지중에 매설된 각종 관의 파열, 도로의 파손, 지반붕괴, 사면붕괴 등의 원인이 된다. 그러므로 동절기가 있고 계절적으로 온도 차이가 심한 우리나라와 같은 현장 조건에서 동결에 영향을 받는 지반에 축조된 구조물, 도로, 비행장 활주로, 상하수도관 및 가스관과 같은 각종 지하매설물에는 여러 가지 지반공학적 문제가 발생할 가능성이 있으므로 동해에 대한 충분한 고려가 요구된다.[3] 따라서 계절적 동상토에서 안전한 설계가 실시되기 위해서는 정확한 동결심도를 추정할 수 있어야만 한다.

동해를 고려하기 위한 동결깊이를 추정하는 방법에는 흙의 물리적 성질 및 열전도율에 근거를 두고 제안된 Stefan 이론, 수정 Berggern 이론, Neumann 이론의 이론식에 의한 방법과[1,4,5,21] 현장실험 및 경험에 의해 동결심도는 동결지수의 평방근에 비례하고 있음을 나타낸 Shannon,[26] Brown,[7] Terada(寺田),[12] Argue & Denyes,[8] Cohen & Fielding[9] 등이 제안한 경험식에 의한 방법이 있다.

또한 최근에는 동결지반에서 동결심도 외에 동결토의 물리학적, 역학적 및 공학적 특성에 관한 연구가 활발하게 연구·보고되고 있는 실정이다.[10,11]

우리나라에서는 기상자료를 이용하여 동결심도를 추정하려는 연구가 처음 시도된 것은 1967년 국립건설연구소에서 동결지수를 구하여 동결지수선도를 발표하였고,[13-18] 이후 몇몇 연구 발표가 있었으며,[6,19,21,28,31] 1980년 건설부 도로조사단에서는 도로 포장설계를 위해 전국 동결지수선도를 발표하였다. 이들 경험식들은 주로 동결심도를 동결지수의 평방근에 연결 지어 제안하고 있으므로 사용하기에 편리하나 동결에 필요한 기상조건, 즉 온도와 기간만을 고려하므로 흙의 공학적 특성을 나타내는 함수비나 건조밀도는 고려되어 있지 않다.

지반의 동결깊이는 동결온도와 기간, 흙의 함수비와 건조밀도, 흙의 종류와 성질 등에 의존하므로 이들 요소들을 정확하게 고려해야만 올바른 동결깊이를 구할 수 있다.[30]

근본적으로 동결토는 지반과 대기 사이에서 열의 이동과 변화의 결과로 형성된다고 하였으며, 흙의 열역학적 특성인 열전도율의 영향을 받게 된다. 흙의 열전도율에 영향을 미치는 요소 중 가장 큰 것은 함수비와 1차 상관관계가 있음을 나타낸 바 있다.[2] Slusarchuk & Watson 은 흙의 열전도율이 흙의 단위중량과 선형적 관계에 있음을 제시한 바 있다.[20]

Stefan식이나 Berggern식에서도 알 수 있듯이 흙의 열전도 특성은 흙의 건조밀도나 함수비 변화에 따라 차이가 있음을 알 수 있으므로 동결심도 산정 시 이들 요소들을 무시할 수 없을 것이다.

1988년 홍원표·김명환은 국립건설시험소에서 실시한 1980년에서 1984년까지의 5년간의 자료를 가지고 동결지수 이외에도 동결지반의 함수비 및 건조밀도를 고려한 동결심도 산정식을 제안한 바 있다.[12]

제3장에서는 먼저 1980년에서 1989년까지의 10년간 국립건설시험소에서 우리나라 전국에 걸쳐 조사한 동결심도 실측치[13-18]를 지금까지 제안된 각종 산정식에 의한 산정치와 비교·검토해본다. 그 다음으로 동결지수와 흙의 함수비 및 건조밀도를 고려한 홍원표·김명환의 동결

심도 산정식에 의한 산정치를 회귀분석을 이용한 t 분포법에 의한 신뢰상한선[20]과 비교·검토 해본다.

마지막으로 동결지수와 흙의 함수비 및 건조밀도를 고려한 새로운 동결심도 산정식을 검토·고찰하여 기준을 확립함으로써 동결지반에서의 동해 방지를 위한 합리적이고 경제적인 설계와 시공에 기여하고자 한다.

3.2 동결지반

3.2.1 동상피해

동결지반에서 발생하는 동상에 따른 지반의 피해를 살펴보면 다음과 같다.

(1) 도로의 동상피해[2]

도로에서 동상은 노상지반 가운데 발생하는 아이스 렌즈 위의 상주(霜柱)가 찬 기온과 접촉하는 방향에서 만들어짐으로써 노면이 융기하는 현상이다. 대부분 도로 중앙에 최대로 되기 때문에 도로의 중심선에 연해서 주행 방향에 큰 포장균열로 나타나는 것이 일반적이다.

또 하나의 동해 형태는 해빙기에 지반 가운데 상주가 융기되는 것에 의하여 발생하는 노상, 지반 지지력의 저하에 의한 지반의 파괴이다. 이에 부수적인 터널, 옹벽 등 구조물의 피해도 이에 속한다.

(2) 철도의 동상피해[2]

철도 토목구조물의 동해로서는 노반 흙의 동결에 의한 노선동상, 터널배면지반의 동결에 의한 복공의 압출, 터널 내 누수된 물의 결빙에 의한 건축한계의 지장 등이 있으며 특히 노반 동상에 의해 발생되는 레일의 요철(凹凸)은 열차 주행 시 요동하게 되고 열차의 안전성과도 문제되므로 이에 대한 조치가 필요하다.

(3) 기타 동상피해[1,23]

지반의 동결과 융해로 인한 지하구조물의 파괴와 균열, 경사면의 연약화 현상 및 상하수도 관이나 가스관 같은 각종 지하매설물의 형태, 파손 등이 있다.

3.2.2 동결지반의 특성

(1) 동결토의 물리적 특성

세 가지 형태를 가지는 비동결토와 비슷하게 동결토는 그림 3.1과 같이 여러 형태의 복합체로 되어 있다. 즉, 그림 3.1에서 보는 바와 같이 흙 입자, 얼음, 비동결수, 공기의 네 개의 형상으로 구성되어 있다.[1,23,24]

① 고체 형상 또는 흙 입자: 광물, 유기물로 구성된다.
② 소성-점착성 형상 또는 얼음: 얼음의 점착성뿐만 아니라 얼음에 의해 형성된 동결토의 점착성은 높은 소성재료이다.
③ 액체형상 또는 비동결수: 흙 입자 사이의 간극과 기공(氣孔)을 부분적 혹은 전부 채운다.
④ 기체상태 또는 기포: 기체는 액체상태에 의해 채워지지 않은 공극(空隙)을 채운다.

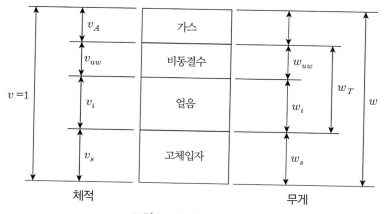

그림 3.1 동결토의 구성[1]

이러한 흙성분의 상호작용은 기온과 응력과 같은 외부적 영향뿐만 아니라 각 상태의 특징에 의존하며 광물입자의 크기와 성분이 동결토의 특징에 상당한 영향을 미친다.

(2) 동결토의 역학적 특징

동결토에서 역학적 특징을 이해하는 것은 지반의 지지력과 구조물 안정에 관련이 있어서 동결지반 공학에서 상당히 중요하게 인식되었으며, 이에 대한 연구가 많이 시행되었다.[1,23,24]

동결지반에는 구조물의 설계 시나 시공 시 공학자들에게 중요한 동결토의 역학적 특징은 다음과 같다.

① 압축강도

Haynes(1978)는 동결토의 압축강도는 높은 변형률과 낮아지는 기온일 때 강도가 증가한다고 했으며, 얼음체는 변형률 증가비에서 58%를 차지하고 강도 증가는 0°C(32°F)마다 $1.36MN/m^2$라고 하였다. Phukan(1985)은 분당 5% 변형률의 시료에서 온도와 압축강도에서 얻은 결과로부터 다음과 같이 일축압축강도를 나타내었다.[1]

$$\sigma_0 = 0.7 - 0.45t \qquad (t < -3.9°C) \tag{3.1}$$
$$= 0.55 - 0.4t + 0.1t^2 \qquad (t > -3.9°C)$$

여기서, $\sigma_0 =$ 동결토의 일축압축강도(MN/m^2)

$t =$ 기온(°C)

또한 Baker(1978)에 의해 압축강도와 변형률과의 관계를 다음과 같이 나타냈다.[35]

$$\sigma_0 = A\dot{\epsilon}^b \tag{3.2}$$

여기서, $\sigma_0 = MN/m^2$

$A, b =$ 흙의 변형과 기온에 의한 상수

$\dot{\epsilon} =$ 변형률

이 관계식은 세립토의 동결토 인장강도 결정에 이용되면 낮은 변형률과 -6°C 이상의 기온에서 잘 적용된다고 하였다.

② 전단강도

동결토의 전단강도는 기온과 시간에 많이 의존하며 흙-얼음 구조의 내부입자들의 마찰력과 점착력에 의해 좌우된다. Ruedrich & Ptrkins(1973), Vyalov & Shusherina(1970)는 전단강도를 변형에 대한 얼음의 저항과 흙 입자 접촉의 마찰저항의 두 가지로 분류하였다. Peneer (1960)는 얼음량이 체적의 30% 이하로 동결된 흙의 강도는 내부입자들의 마찰력이 지배적이고 얼음량이 체적의 30% 이상인 동결토는 흙과 얼음 사이의 점착력에 의한다고 하였다. Vyalov(1962)는 Mohr-Coulomb의 파괴이론으로 동결토의 전단강도를 다음과 같이 나타내기도 하였다.

$$\tau = c_t + \sigma_0 \tan\phi_t$$

(3.3)

여기서, τ = 전단강도(kg/cm²)

σ_0 = 전단면에 작용하는 수직응력

c_t, ϕ_t = 온도와 시간의 함수

즉, 전단강도의 두 가지 요소는 부드러운 전단(점착력에 저항)과 수직응력의 함수로서 전단에 대한 마찰저항으로 나타냈다.

또한 Vyalov & Shusherina(1970)는 c_t를 다음 식으로 나타냈다.

$$c_t = \frac{\beta}{\log(t/B)}$$

(3.4)

여기서 β와 B는 $\log t$에 대한 c_t로부터 얻어진 상수이다.

동결토의 내부마찰각은 비동결토의 내부마찰각보다 작다고 보고되었다. 내부마찰각에 의해 표시되는 마찰성분은 얼음량과 흙 입자의 배열, 크기, 분류 형태, 입자의 접촉면 수에 관계가 있으며, Sayles(1975)는 동결모래로써 일정한 변형률과 응력원으로 전단강도를 나타내었다.

③ 크리프 거동

크리프란 일정 응력하에서 시간에 따른 재료의 변형 거동을 말한다. 초기 연구자들은 변형률을 구하는 데 얼음이 단지 뉴턴의 점성적인 재료로서 움직인다고 가정하였으나 이것이 수정되어 비뉴턴적 재료라는 것이 밝혀졌다. 그래서 여러 연구자들에 의하여 크리프에 대한 시험 연구가 이루어졌는데, Glen(1974)은 온도를 제한한 실험실에서 일축압축시험으로 다결정 얼음(polycryst alline ice)을 통한 크리프시험을 했으며 또한 Vyalov(1966)는 동결토에서 크리프의 물리적인 과정을 설명했고 크리프를 다음과 같이 설명하였다.[35]

ⓐ 흙속의 흙 입자 접촉면에서 얼음의 융해응력
ⓑ 낮은 응력이 작용하는 부분으로 비동결수의 이동
ⓒ 얼음 흙 입자 구조체의 파괴
ⓓ 얼음 공극 사이의 소성변형
ⓔ 흙 입자 구성에서 재조종

얼음은 점성 결정질(viscoplastic crystaline) 재료이기 때문에 시간에 따른 소성변형은 그림 3.2와 같이 1, 2, 3차로 나타나는데, 이는 작용하중의 크기와 시간 및 얼음의 기온에 의한 것이다.

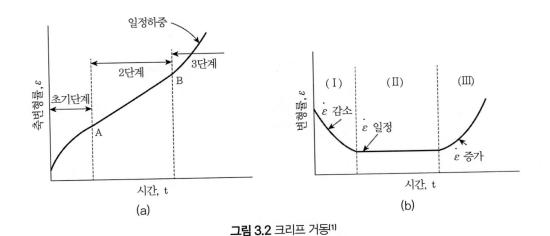

그림 3.2 크리프 거동[11]

크리프 과정 동안 동결토의 구조적 변형은 흙 입자들을 더욱 조밀하게 한다. 이러한 변화는 흙 입자들끼리의 접촉면의 증가로 재료를 더욱 강하게 만들어 흙 입자 사이의 내부마찰각을 증가시킨다.

3.2.3 동결에 영향을 미치는 요소

지반의 동결은 빙점(0℃) 이하의 온도와 그 지속시간과 흙에 간극수가 있을 때 발생하여 흙의 종류와 성질에 따라서도 동결의 차이가 있다.[25] 따라서 동결심도는 기온, 물, 흙의 성질에 크게 의존한다고 할 수 있으며 동결심도에 대한 영향을 자세하게 살펴보면 다음과 같다.

(1) 동결지수

흙의 동결심도는 0℃ 이하의 온도와 그 지속기간에 따라 달라지는데, 이것을 정량적으로 표시하기 위해 동결지수(freezing index)라는 변수를 사용한다.

동결지수란 동결기간에 걸쳐 기온과 지속일수의 적을 누계해서 최대치와 최소치의 차가 가장 큰 값을 동결지수라 하고 그 사이의 기간을 동결기간이라 한다. 즉, 온도누적곡선에서 극한치 사이의 종축길이가 동결지수이고 횡축길이가 동결기간이다.[25,27]

동결지수 계산에 사용되는 일평균온도가 0℃(32℉)를 기준하여 영상이면 +, 영하이면 − 가 된다. 일평균온도는 시간별 온도를 평균하여 구할 수 있지만, 계산이 복잡하므로 하루 동안의 기온 중 최고와 최저의 평균치를 취하는 것이 보통이다. 그러나 1일 4회(03시, 09시, 15시, 21시)에 측정한 평균값에 의한 동결지수 값이 1일 2회, 즉 최고·최저의 평균값에 의한 동결지수보다 높은 값을 나타낸다고 발표하였다.[22]

(2) 흙 – 물계의 열적 특성

온도차에 의해 열이 전도되는 것은 복사, 대류, 전도의 세 가지 형태로 이루어지며, 특히 흙속에서는 복사와 대류는 전도에 비하여 무시될 정도로 적어서 열의 대부분은 전도에 의하여 전달되는 것으로 생각된다.[2] 흙의 열적인 성질을 이해하는 데 요구되는 주된 열적 성질은 열전도율(K), 체적당 열량(C) 그리고 융해잠열(L)로, 다음과 같이 설명할 수 있다.[25]

① 열전도율

흙의 열전도율 K는 단위열변화(unit thermal gradient)하에서의 흐름 비율이다. 같은 함수비의 흙에서 열전도율이 동결토가 비동결토의 1.1~1.3배이며, 흙 입자 광물조성 중에서 특히 석영 함유율이 많은 광물은 열전도율이 크다. 표 3.1에서는 여러 가지 물질의 열전도율을 나타내고 있다. 흙의 열전도율은 다음과 같은 여러 요인들로부터 영향을 받는다.

ⓐ 고체에 해당하는 흙 입자의 열전도율

ⓑ 함수비

ⓒ 간극률

ⓓ 흙 입자 간극의 배열 상태

ⓔ 흙 입자의 형상 및 입도 분포

ⓕ 온도

표 3.1 여러 가지 물질의 열전도율[5]

물질	K	
	BTU/hr.ft. °F	W/m. K
공기(air)	0.014	0.00017
점판암(shale)	0.9	0.011
화강암(granite)	1.6	0.019
물(water)	0.35	0.0042
얼음(ice)	1.30	0.016
구리(copper)	225	2.70
흙(soil)	0.2~2.0	0.0024~0.024

② 체적당 열량

어떤 물체의 온도를 1℃ 올리는 데 필요한 열의 양을 열용량이라 하며 단위중량에 대한 것으로 표현할 때는 비열(specipic heat capacity)이라고 하고, 단위체적에 근거를 두었을 때는 체적당 열량(volumetric heat, C)이라고 하며, 이것은 열용량에 의존하며 열용량에 건조밀도를 곱함으로써 얻을 수 있다. 동결토는 물(1.0), 얼음(0.5), 광물(0.17)로써 단위체적당 열용량은 비동결토와 동결토에 대해서 각각 달라지는데, 그림 3.3으로 구할 수 있으며 식 (3.5) 및 (3.6)

을 사용하여 구할 수도 있다.[5]

$$\text{비동결토: } C_u = \gamma_d\left(0.17 + \frac{w}{100}\right) \tag{3.5}$$

$$\text{동결토: } C_f = \gamma_d\left(0.17 + \frac{0.5w}{100}\right) \tag{3.6}$$

여기서, γ_d = 흙의 건조밀도(g/cm³)

w = 함수비(%)

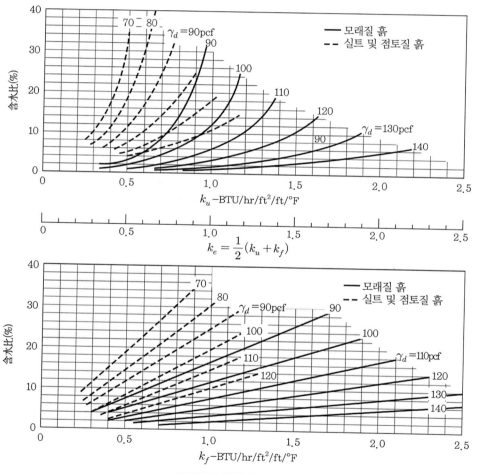

그림 3.3 흙의 열전도율[5]

③ 동결(융해)잠열

간극수에 대한 융해잠열(L)은 일반적으로 물의 값을 사용하는 데 물 1g이 동결할 때 79.5cal/g (143.4 BTU/ft³)의 열을 내기 때문에 간극수가 전부 동결한다고 가정하면 흙의 동결잠열은 식 (3.7)과 같다. 이 식은 간극수가 동결 또는 융해될 때의 흙의 단위체적당 내는 열에너지의 변화로 나타낸 것이다.[2,5]

$$L = 143w\gamma_d (\text{Btu/ft}^3)$$
$$L = 79.5w\gamma_d (\text{cal/cm}^3)$$
$$(3.7)$$

(3) 흙의 물성

미공병단의 한랭지역 연구 및 기술 실험실(U.S, Army Cold Regions and Engineering Labatory)의 실험 결과에 의하면 일반적으로 0.02mm보다 더 가는 입경을 가진 흙의 함량이 중량비로 전체 흙의 3%를 넘으면 동결 가능한 흙으로 규정하고 있다. 흙의 입경과 입도분포, 실내에서의 물리시험을 통한 소성지수(PI)로서 통일분류법에 따라 동결 가능한 순서로 F_1, F_2, F_3, F_4의 4군으로 분류하였으며, 그중 F_4군이 동결에 가장 민감하다고 지적하였다.[25] 1989년 국립건설시험소는 우리나라에서 동결깊이가 가장 크게 나타나는 흙군은 F_2군이고 그 다음 F_3군이며 F_4군이 더 작은 동결깊이로 나타난다고 발표했다.[18]

(4) 물의 공급

지반 내에 지하수, 침투수, 상하수도관의 누수 등과 같은 물의 공급원이 지중온도가 0°C인 동결선과 가까이 있으면 흙은 동상을 일으킨다.

동결선 아래에 있는 물은 모관작용으로 이동하기 때문에 물의 공급원이 동상에 영향을 끼칠 수 있는 거리는 흙 입자의 크기와 밀접한 관계가 있다. 모관 상승고가 동결심도 하단에서 지하수면까지의 거리보다 커서 모관수가 동결심도층으로 들어가서 동상이 크게 일어난다.

(5) 지표면의 피복상태

자연상태의 지반은 온도의 영향이 직접적으로 전달되므로 노출된 지표면은 아스팔트나 콘크리트로 포장되어 있는 경우에 비하여 동결심도가 깊고 아스팔트 포장은 콘크리트 포장에 비하여 열을 더 흡수할 수 있기 때문에 같은 동결조건에서는 그 깊이는 더 낮은 것이 보통이다. 또한 눈이나 잔디, 초목 등으로 피복되어있는 경우에도 동결심도가 낮다.

(6) 기상

강우, 눈, 바람, 일사조건 등 기상에 따라서도 동결깊이는 달라지는데, 동일한 동결지수에 대하여 일사시간의 차이로 인해 양지와 음지에서 동결깊이는 많은 차이를 보인다. 바람은 지표면의 온도를 제거시키므로 흙속의 함수비를 변화시켜 동결심도의 차이를 보이게 한다.

3.3 동결심도 추정에 관한 산정법

동해를 고려하기 위해 제안·사용되어온 동결심도 추정 산정법은 크게 두 가지로 분류할 수 있다.[12,34-36]

열전도 이론에 근거한 Stefan식 및 Berggern식의 이론식이 있으며 현장실험과 같은 경험적인 방법에 의해 제안한 Shannon식, Terada식, Argue & Denyes식, Cohen & Fielding식 및 국립건설시험소가 제안한 경험식이 있다.[12,34-36]

3.3.1 이론식

(1) Stefan식[4,5]

1890년 Stefan은 그림 3.4의 Stefan 모델에서 보는 바와 같이 지반이 동결하는 데 방출되는 잠열은 지표면에서 전도되는 열과 비율이 동일하게 된다는 열전도 이론에 의하여 지표면에서부터 동결선까지의 온도변화가 선형이고 동결선 밑의 온도는 일정하다고 하였다. 몇 가지 가정으로 인하여 근사해석이 가능하게 되어 동결심도 Z(ft)의 산정식을 식 (3.8)과 같이 제안하였다.[12,34-36]

$$Z = \sqrt{\frac{48\,K_f F}{L}}$$

(3.8)

여기서, Z = 동결심도(ft)

   K_f = 열전도율(Btu/ft. hr. °F)

   F = 동결지수(°F-day)

   L = 융해잠열(Btu/ft³)

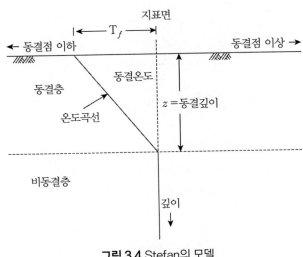

그림 3.4 Stefan의 모델

(2) Berggern식[4,5]

1943년 Berggern은 동결 및 비동결토의 열성질을 고려하여 열확산 이론을 적용하여 동결심도 산정식을 시도하였다. 그 후 Aldrich & Payter(1953)에 의해서 보완되어 그림 3.5와 같은 모델로서 식 (3.9)와 같은 합리적이고 체계적으로 수정한 Berggern식을 제안하였다.[12,34-36]

Stefan식은 동결심도를 산정하는 데 동결토 및 비동결토의 체적당 열량을 무시하고 유도되어 실제 동결심도보다 과다산정되는 데 반하여 수정 Berggern식은 동결토 및 비동결토의 체적당 열량을 고려하여 산정하였기 때문에 이보다 적게 나타나는 경향을 보이고 있다.

$$Z = \sqrt{\frac{48 K_e F}{L}} \tag{3.9}$$

여기서, Z = 동결심도(ft)

F = 동결지수(°F-day)

L = 융해잠열(Btu/ft³)

K_e = 동결 및 비동결의 평균열전도율(Btu/ft. hr. °F)

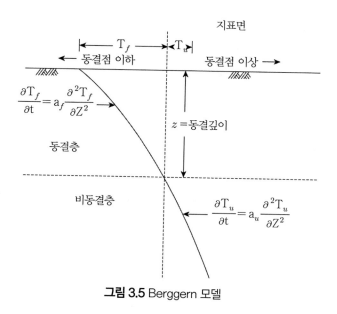

그림 3.5 Berggern 모델

λ는 보정계수(무차원)의 융해계수 μ와 열율 α로부터 그림 3.6을 이용하여 구한다. 단 열율 α와 융해계수 μ는 식 (3.10)으로 구한다.

$$\alpha = \frac{T_m t}{F}$$

$$\mu = \frac{C_e F}{Lt}$$

$$(3.10)$$

여기서, C_e = 평균열용량: 식 (2.1)로부터 계산한 동결토 및 비동결토에 대한 열용량의 평균값

t = 동결기간(일)

F = 동결지수(°F-day)

T_m = 평균적 기온(°C)

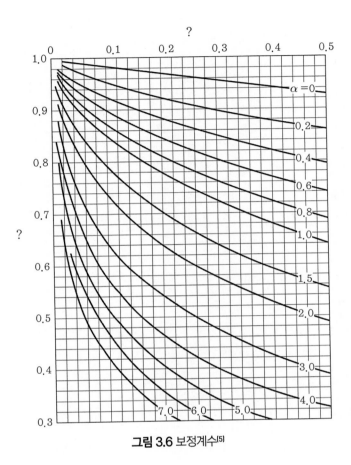

그림 3.6 보정계수[5]

3.3.2 경험식

(1) Shannon식[26]

1945년 Shannon은 비포장도로에서 3m 정도 굴착하여 일정한 깊이마다 온도측정기를 설치하고 일부는 단열재료로 열의 전도를 차단하여 외부 온도 변화에 따른 지중온도 변화를 측정·분석함으로써 식 (3.11)과 같은 경험식을 발표하였다.

$$Z = -2 + 5\sqrt{F}\,(\text{cm})$$ (3.11)

여기서, 동결지수 F는 ℃-day의 단위를 사용한다.

(2) Terada(寺田)식[12]

Terada는 온난지역과 한랭지역으로 구분하여 동결심도 산정식을 동결지수(F: ℃-day)와 관련지어 발표하였다.

비교적 온난한 지역에서는 식 (3.12)를 제안하였다.

$$Z = 2.94 \sqrt{F}(\text{cm}) \tag{3.12}$$

한랭지역에서는 식 (3.13)을 제안하였다.

$$Z = 4.0 \sqrt{F}(\text{cm}) \qquad (F < 300)$$
$$Z = 3.7 \sqrt{F}(\text{cm}) \qquad (300 < F < 1,000) \tag{3.13}$$

우리나라의 경우 한랭지역이 많으므로 식 (3.13)을 사용하여 검토하고자 한다.

(3) Argue & Denyes식[8]

캐나다 지역에서 제설되는 도로 부분과 눈을 제거하지 않고 방치해두는 지역에 대하여 동결심도를 조사하여 산정식을 제안하였다. 우선 제설하는 지역에서는 식 (3.14)를 제안하였다.

$$\text{아스팔트 도로:} \ Z = -61.0 + 5.1 \sqrt{F}(\text{cm})$$
$$\text{콘크리트 도로:} \ Z = -25.4 + 4.8 \sqrt{F}(\text{cm}) \tag{3.14}$$

한편 제설하지 않은 곳에서는 동결심도가 눈의 두께에 따라 차이가 심하여 평균치의 표준편차가 큼을 지적하고, 설계를 목적으로 동결심도의 상한치를 나타내는 최대동결심도의 산정식으로 식 (3.15)를 제안하였다.

$$Z = 4.3 \sqrt{F}(\text{cm})\qquad(3.15)$$

식 (3.15)의 동결심도 상한치는 눈이 거의 덮여 있지 않은 지역의 동결심도라고 설명하고 있으므로 결국 식 (3.15)는 지표면이 공기 중에 노출된 지역의 동결심도라 생각하여도 무방할 것이다. 따라서 식 (3.15)를 우리나라에 적용·검토해보고자 한다.

(4) Cohen & Fielding식[9]

1979년 Cohen & Fielding은 북위 50°의 모래지역에 파이프 매설을 위한 동결심도 결정을 위해 영하 30°에서 실험한 결과 다음과 같은 식 (3.16)과 (3.17)을 제안하였다.

우선 지표면이 공기 중에 노출된 지역에서는,

$$Z = 7.4 \sqrt{F}(\text{cm})\qquad(3.16)$$

다음으로 지표면에 30cm 이상의 눈이 덮여 있는 지역에서는,

$$Z = 4.6 \sqrt{F}(\text{cm})\qquad(3.17)$$

이 경우도 눈의 양이 일정치 않으므로 식 (3.16)을 적용·검토해보고자 한다.

(5) 국립건설시험소식[18]

우리나라에서도 그 동안 동결심도 산정 이론공식에서 동결지수와 동결심도와의 관계를 꾸준히 연구·발표하였는데, 최근의 연구로는 1989년 국립건설시험소는 10년간 우리나라 전국의 동결심도 조사 결과에 의거하여 동결심도와 동결지수와의 관계로서 산정식을 식 (3.18)과 같이 제안하였다.[29]

$$Z = 14F^{0.33}\qquad(3.18)$$

3.4 우리나라의 동결심도

3.4.1 동결심도 조사자료

우리나라에 적합한 동결심도산정식을 확립할 것을 목적으로 국립건설시험소에서는 1980년부터 10개년 계획으로 전국의 도로변을 중심으로 동결심도를 매년 측정하였다.[13-18]

3.4.2 동결심도 분포도

1980년부터 5년간 전국적으로 각 지방에서 측정한 최대동결심도를 이용하여 동일한 동결심도를 가지는 지역을 연결함으로써 전국동결심도 분포도를 작성해보면 그림 3.7과 같다.[12,34] 이 그림으로부터 우리나라의 최대동결심도의 개략적인 분포상황을 한눈에 볼 수 있다. 우리나라에서 동결심도가 가장 깊게 나타난 곳은 강원도 인제이다. 즉, 동결심도는 전라남도에서 20cm로 가장 낮고 강원도 지방을 향하여 동결심도가 점차 증가되어 인제 부근에서 130cm 이상에 이르고 있음을 알 수 있다.

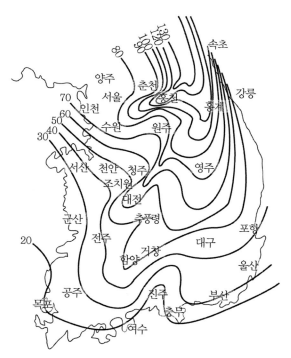

그림 3.7 전국 동결심도 분포도[12,34]

3.4.3 동결심도와 동결계수의 관계

국립건설시험소에서 1980년부터 5년간 실시한 616개의 실측치 중 Stefan식과 Berggern식을 적용할 수 있도록 데이터가 충분히 주어진 실축치는 약 100개였다. 이들 데이터에 대하여 Stefan[4]식 및 Berggern[4]식을 이용하여 동결심도를 산정하고, 그 산정값을 동결지수의 평방근과 관계로 도시해보면 그림 3.8과 같다.

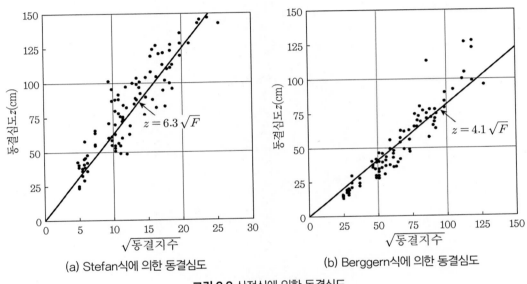

(a) Stefan식에 의한 동결심도   (b) Berggern식에 의한 동결심도

그림 3.8 산정식에 의한 동결심도

이 그림으로부터 이론식에 의거하여 산정된 동결심도 Z는 동결지수 $F(\text{℃-day})$의 평방근과 거의 선형적 관계를 보여주고 있음을 알 수가 있다. 이들 분포를 통상 사용하는 형태로 근사시켜보면 그림 중에 실선으로 표시된 바와 같이 동결지수 C가 Stefan식의 경우 6.3이고 Berggern식의 경우 4.1로 생각할 수 있다. 따라서 Stefan식과 Berggern식에 의한 산정치를 간편하게 취급하기 위해 6.3 및 4.1의 동결계수를 사용한 식 (3.19)와 (3.20)을 사용하도록 한다.

$$\text{Stefan식: } Z = 6.3\sqrt{F}\,(\text{cm}) \tag{3.19}$$

$$\text{Berggern식: } Z = 4.1\sqrt{F}\,(\text{cm}) \tag{3.20}$$

한편 그림 3.9는 국립건설시험소에서 측정한 동결심도의 전 데이터를 동결지수의 평방근과 관련지어 표시한 그림이다.

이 그림 중에는 3.3절에서 설명한 기존동결심도 산정식[12]에 앞에서 설명한 식 (3.19) 및 (3.20)을 포함한 6가지 동결심도 산정식에 의한 직선도 함께 표시하고 있다.

이 그림에서 알 수 있는 것처럼 비교적 동결지수가 낮은 경우의 동결심도 실측치는 동결계수 C가 높은 코헨&필딩식이나 Stefan식의 값에 접근하는 반면 동결지수가 높은 경우는 동결계수 C가 낮은 아규과 드나이스식, Berggern식 및 Terada식에 접근하고 있다.

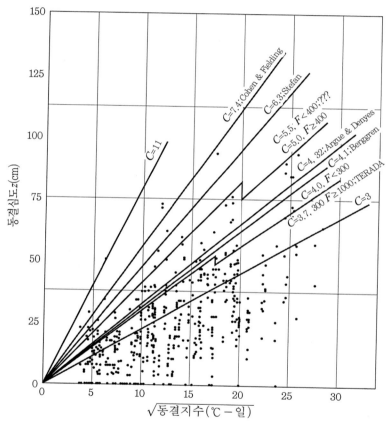

그림 3.9 동결심도 실측치와 기존산정식의 비교

국립건석시험소식은 중간 정도의 비교적 양호한 경향을 보이고 있음을 알 수 있다. 따라서 동결심도 실측치에 맞는 동결계수를 살펴보면 3~11 사이의 범위에 분포됨을 알 수 있다. 즉,

측정된 동결계수의 최소최대범위를 생각하여 동결지수가 800(℃-day) 정도로 높은 경우의 동결계수는 3 정도로 낮은 반면, 동결지수가 15(℃-day) 정도로 낮은 경우의 동결계수는 11 정도까지 되고 있다.

그림 3.9의 동결심도 실측치를 잘 관찰해보면 알 수 있는 것처럼 동결심도는 동결지수의 평방근과 선형적 관계가 있다고 하기보다는 비선형적 관계를 나타내고 있다고 하는 것이 타당하다.

따라서 앞에서 설명한 여러 동결심도 산정식들과 같이 동결심도를 동결지수만의 평방근에 선형적 관계로 표시한 식들은 실제의 동결심도를 잘 산정하고 있다고 하기에는 부족함이 있다. 이와 같은 사실을 보완하기 위해 국립건설시험소식식과 Terada식에서는 동결지수의 값이 커짐에 따라 동결계수를 적게 조정하고 있다.

3.5 신산정법의 제안

3.5.1 동결심도와 $F/\gamma_d w$의 관계

이상에서 알 수 있는 것처럼 동결심도를 산정할 시에는 동결지수와 같은 외적 기후조건 외에도 내적인 흙의 공학적 성질을 고려해야만 정확한 동결심도를 구할 수가 있을 것이다.

토질공학에서 흙의 공학적 기본성질로는 흙의 밀도를 나타내는 흙의 건조단위중량 γ_d와 함수비 w를 들 수 있다.

Stefan 이론과 Berggern 이론에 의하면 동결심도는 융해잠열의 역수에 의존하고 있음을 알 수 있다. 이 융해잠열은 흙의 건조단위중량과 함수비에 의하여 산정되므로 결국 동결심도는 F, γ_d 및 w의 함수임을 알 수 있을 것이다. 따라서 동결심도의 전 실측치를 $F/\gamma_d w$와 관련지여 이들의 관계를 반대수 용지에 정리해보면 그림 3.10과 같다. 여기서 함수비는 지표면에서 10cm 깊이의 값을 사용하였으며, 건조단위중량의 측정위치는 별도로 정한 바 없이 제시되어 있어 보고서의 값을 그대로 사용하였다.

이 그림에 의하면 동결심도의 최대치는 반대수지상에서 $F/\gamma_d w$와 함께 증가하는 경향을 보이고 있다. 따라서 최대동결심도는 그림 중의 직선으로 표시할 수 있으며 이 직선은 식 (3.21)과 같이 나타낼 수 있다.

$$Z(\text{cm}) = 50\log_{10}\left(\frac{F}{10\gamma_d w}\right)$$

(3.21)

식 (3.21) 사용 시의 단위는 동결심도는 cm, 동결지수는 °C-day, 건조단위중량은 g/cm³, 함수비는 %를 기준으로 하여 사용한다.

식 (3.21)의 값은 평균동결심도를 나타내는 식과는 차이를 보일 것이나 파이프배선의 설계 및 각종 토목, 건축구조물 설계 시 안전을 위해 필요한 예상최대동결심도의 산정을 위해 제시될 수 있다고 생각된다.

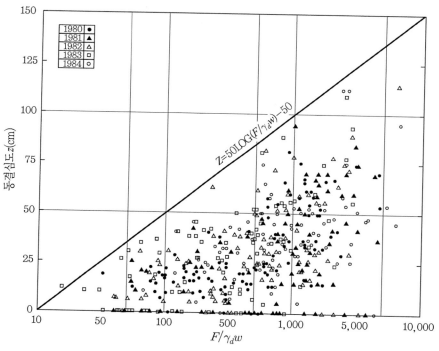

그림 3.10 동결심도와 $F/\gamma_d w$의 관계

3.5.2 기존산정법과의 비교

그림 3.11은 식 (3.21)로 계산된 동결심도 Z_H와 앞에서 열거한 6가지 방법에 의하여 산정된 동결심도와의 관계를 도시한 그림이다. 이들 그림으로부터 제안식 (3.21)에 의하여 산정되는 동결심도는 동결심도가 30cm에서 80cm 사이일 때는 Cohen & Fielding식에 의하여 산정된 동

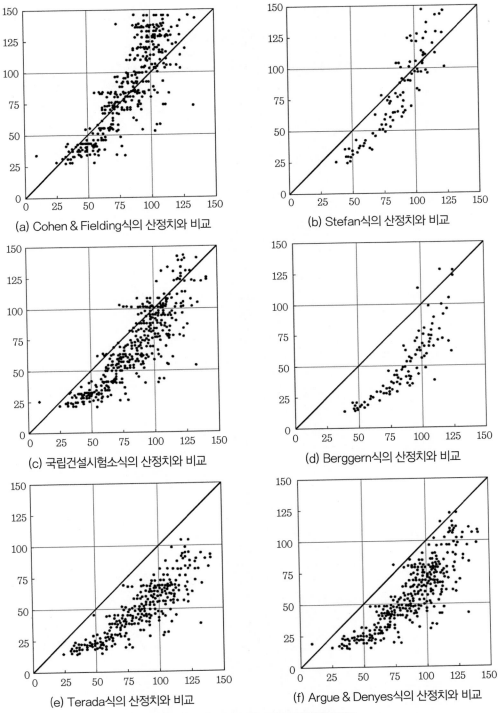

(a) Cohen & Fielding식의 산정치와 비교

(b) Stefan식의 산정치와 비교

(c) 국립건설시험소식의 산정치와 비교

(d) Berggern식의 산정치와 비교

(e) Terada식의 산정치와 비교

(f) Argue & Denyes식의 산정치와 비교

그림 3.11 제안식과 기존식의 산정치와 비교

결심도 Z_C와 일치하고, 80cm에서 100cm 사이에서는 Stefan식에 의하여 산정된 동결심도 Z_S와 일치하며, 100cm에서 130cm 사이일 때는 국립건설시험소의 산정동결심도 Z_K와 잘 일치한다. 또한 동결심도가 130cm 이상이 될 때는 Berggern식이나 Terada식 및 Argue & Denyes식에 의한 동결심도에 접근해갈 것으로 예상된다.

| 참고문헌 |

1) Phukan, A.(1985), *Frozen Ground Engineering*, Prentic Hall, Inc. Englewood Cliffs, pp.105-114.

2) 日本土質工学會, "土の凍結", 土質基礎工學ライブラリ-23, pp.23-52; 92-135.

3) *Ibid*, pp.139-283.

4) Jumikis, A.R.(1966), *Thermal Soil Machanics*, Rutgers University Press. New Brunswick, pp.101-115.

5) Aldrich, H.R.(1956), "Frost Penetration Below Highway and Airfield Pavements", National Researh Concil Highway Researh Board, Bulletin 135, pp.124-149.

6) 홍성완(1989), '한지와 영구동토', 대한토목학회지 제37권, 제3호, 통권 143, pp.46-64.

7) Brown, G.W.(1964), 'Difficulties Associated with Prediciing Depth of Freeze of Thaw', Can. Geotech, Jour, Vol.1, No.4.

8) Argue, G.H. and Denyes, B.B.(1974), "Estimating the Depth of Pavement Frost and Thaw Penetrations".

9) Cohen, A and Fielding, M.B.(1979), "Predicting Frost Depth; Protecting Underground Pipelines", Journal of Water Works Association, Feb. pp.113-116.

10) Hans L, Jessberger(1979), "Groung Freezing", Proc. of thd First International Symposium on Ground Freezing, Bochum, Elsevier Scientfific Pub, co. Amsterdam.

11) Frivik, P.E., Janbu, N., Saetersdal, R. and Finborud L.L.(1982), Ground Freezing, Elsevier Scientific Pub. Co. Amsterdam.

12) 홍원표·김명환(1988), '우리나라의 동결심도에 관한 연구', 대한토목학회논문집, 제8권, 제2호, pp.147-154.

13) 국립건설연구소(1980), '우리나라 각 지방의 동결깊이 조사보고서', No. 401.

14) 국립건설연구소(1982), '전국 동결심도 조사 보고서', No.426.

15) 국립건설시험소(1983), '전국 동결심도 조사 보고서', No.438.

16) 국립건설시험소(1984), '전국 동결심도 조사 보고서', No.448.

17) 국립건설시험소(1985), '전국 동결심도 조사 보고서', No.455.

18) 국립건설시험소(1984), '전국 동결심도 조사 보고서', No.498.

19) 김상규(1990), '전국 동결깊이 분포와 동결깊이 및 동결지수와의 상관관계', 대한토목학회논문집, 제10권, 제2호, pp.79-91.

20) Slusarchuk, W.A. and Watson, G.H.(1975), "Thermal Conductivity of Some Ice-Rich Permaforst Soils", Can. Geotech. Jour, Vol.12, No.3, pp.413-424.

21) 대한주택공사 주택연구소(1985), '공동주택단지의 토목구조물 매설 심도에 관한 연구'.

22) 정철호(1989), '우리나라 동결토의 토군별 분석과 동결심도에 관한 연구', 대한토질공학회지, 제5권, 제4호, pp.5-16.

23) Andersland, O.B. and Ander, D.M., "Geotechnical engineering for cold regions", pp.103-160; 216-258.

24) Jones, R.H. and Ho;den, J.T., "Ground Freezing 88", Vol.1,2.

25) J.K. Mitchell(1976), *Fundamentals of Soil Behavior*, John Wiley & Sons Inc., pp.373-382.

26) Shannon, A.W.(1985), "Prediction of Frost Penetration", Jour., NEWWA, Vol.59.

27) 안상진(1971), '우리나라의 동결지수와 동결심도에 관한 연구', 대한토목학회지, 제18권, 제4호, pp.27-33.

28) 안상진(1972), '우리나라의 동결지수와 동결심도에 관한 연구'(제2보), 대한토목학회지, 제20권 ,제1호, pp.59-71.

29) 정영진, 실용 현대 통계학, pp.45-56; 255-263.

30) 김진호·안상진(1973), '우리나라의 동결지수와 동결심도에 관한 실험적 연구'(제3보), 대한토목학회지, 제21권 ,제4호, pp.59-64.

31) 이종규·노관섭(1986), 지역별 설계동결지수와 동결심도 추정, pp.1-37.

32) Boyd, D.W.(1976), "Normal Freezing and Thawing degree-days from Normal Monthly Temperatures", Can. Geotech., J., Vol.13, No.2, pp.176-180.

33) R.N. Yong·青山淸道·中村勉(1977), "土の凍結と永久凍土に關する諸問題", 土と基礎, Vol.25, No.233, pp.1-4.

34) 김명환(1986), '우리나라의 동결심도산정에 관한 연구', 중앙대학교 건설대학원, 공학석사학위논문.

35) 장정기(1991), '우리나라의 동결심도산정에 관한 연구', 중앙대학교 건설대학원, 공학석사학위논문.

36) 홍원표·장정기(1993), '우리나라의 동결심도에 관한 연구(II)', 중앙대학교논문집, 자연과학편, 제36집, pp.129-149.

우리나라 지반의
표준관입시험치

우리나라 지반의 표준관입시험치

4.1 서 론

산업의 발전과 더불어 날로 대형화되고 있는 건설공사에서 지반조사의 중요성은 점차 증대되어가고 있다. 조사 대상지반도 구조물기초지반뿐만 아니라 도로, 공항, 철도, 제방, 각종 단지, 흙댐 등의 흙구조물 설치 위치에 걸쳐 광범위한 실정이다.

지반조사 중에는 본조사의 일환으로 현장에서 직접조사시험을 실시하여 필요한 결과치를 얻기 위한 원위치시험이 시행되고 있다. 이러한 원위치시험으로는 표준관입시험, 정적 콘관입시험, 동적 콘관입시험, 스웨덴식 사운딩시험, 베인시험 등이 있다.[20] 특히 이들 가운데 표준관입시험은 간편하면서도 유용한 원위치시험으로 가장 널리 이용되고 있다. 또한 표준관입시험으로 얻어지는 N치는 지반의 연경(軟硬) 정도 또는 다짐상태를 나타내는 하나의 지수로서 기초, 지반 관련 설계와 시공에 널리 이용되고 있고, 경우에 따라서는 지반의 상태에 관한 정량적인 정보를 제공하는 측정치로 이용되기도 한다.

Terzaghi & Peck[23]에 의해 N치와 흙의 컨시스턴시, 지반의 지지력 등과의 관계가 발표된 이래 N치의 활용도가 크게 인식되어 널리 보급되고 있다. 그러나 N치는 그 측정의 간편성과 광범위한 응용성에 비하여 무비판적으로 지나치게 이용되는 면도 없지 않다. 구조물을 대상으로 한 지반의 조사는 보링공 내에서 측정한 N치 및 채취한 흙의 육안관찰기록에만 의하는 경우가 많다. 이런 경우 흙의 역학적 특성의 판단은 N치를 유일한 근거로 한 경우가 많다.

그러한 N치는 지반의 지지력, 침하량, 점착력, 내부마찰각, 상대밀도, 변형계수, 전단파속도 등의 판정에 이르기까지 활용 범위가 넓으나 이들 제반 토질특성과의 상관성의 규명에 대해서는 아직 미흡한 상태이다. 따라서 이에 대한 신뢰성도 높지 않은 일면을 가지고 있다.

제4장에서는 점성토지반과 사질토지반으로 나누어 점성토지반에서는 표준관입시험치와 토질특성의 상관성에 대하여 설명하고,[7] 사질토지반에 대해서는 표준관입시험치와 동적 관입시험치의 상관성에 대하여 설명한다.[6]

손원표(1989)는 우리나라의 3개 지역을 대상으로 표준관입시험 결과를 흙의 제반 특성과 연계하여 상관성을 조사한 바 있다.[7] 손원표가 사용한 자료는 인천을 중심으로 한 서해안지역에서 실시된 지반조사자료[5,15,16]와 광양, 김해, 함안 등의 남해안 지역에서 실시된 지반조사에서 얻은 연약한 점성토에 대한 자료[2,11,14] 및 서울을 비롯한 내륙지역에서 실시된 견고한 점성토에 대한 자료[3,4,13]이다. 이 분석에서 이용한 자료는 현장에서 실시된 표준관입시험에 의한 N치와 채취시료에 대한 실내시험에서 얻은 자연함수비, 비중, 습윤 및 건조밀도, 액성한계, 소성한계, 일축압축강도 및 압축지수 등이다.[7]

한편 방효탁(1989)은 우리나라 사질토지반에서의 표준관입시험 결과를 동적 관입시험 결과와 비교하여 두 시험 사이의 상관성을 조사한 바 있다.[6] 서울~대전 간의 교통체증을 덜기 위해 완공된 중부고속도로의 10개 공구 중 동적 관입시험을 실시한 5개 공구의 현장토질조사 보고서를 기준으로 하여 표준관입시험 결과와 동적 콘관입시험 결과 및 이들 지역에 대한 입도분석 결과를 사용하였다.[13]

이 장에서는 우선 우리나라 점성토지반에서의 표준관입시험에 의한 N치와 지반의 물리적·역학적 특성과의 상관성 및 동적 관입시험과의 상관성을 규명해보고자 한다. 즉, 우리나라 서·남해안지역의 연약한 점성토 및 내륙지역의 견고한 점성토에 대한 현장지반조사 및 실내시험 자료를 분석하여 점성토지반에서의 N치와 토질특성과의 관계를 규명해보며 그 결과를 기존에 제시된 자료들과 비교·분석해보고자 한다.

그런 다음 사질토지반에서의 표준관입시험 결과와 동적 관입시험 결과와의 상관성을 조사하고자 한다.

4.2 표준관입시험의 활용도

4.2.1 표준관입시험

표준관입시험은 오래전부터 지표면 아래 흙의 성질을 간접적으로 평가하는 데 가장 유용한 수단으로 채택되었으며, 최근에는 그 결과치가 지수로 통용될 정도로 인기 있고 경제적인 방법으로 인식되고 있다.

표준관입시험은 KSF2318(Split-Barrel sampler에 의한 현장관입시험 및 시료채취 방법)에 규정되어 있으며 ASTM1586에도 "Standard Method for Penetration Test and Split-Barrel Sampling of soils"로 규정되어 있다. 표준관입시험에서 측정되는 N치란 '64kg의 해머를 76cm 높이에서 자유낙하시켜 샘플러가 30cm 관입하는 데 소요되는 타격회수'를 말한다.[21] 이 시험은 독자적으로 시행되기도 하나 대체로 시추조사 시 보링공을 이용하여 실시하며 토층이 변하거나 동일 토층이라도 1.5m 이내의 깊이 간격으로 연속적으로 실시하여 지반의 N치 측정과 아울러 시료를 채취한다. 이러한 표준관입시험에 수반하여 시추조사 결과를 토질주상도에 정리하고 기초의 지지력 분포, 연약층 등에 대한 제반 정보를 파악하게 된다.

4.2.2 측정상의 문제점

N치의 측정에서는 여러 가지의 문제점을 내포하고 있는바, 시험장비, 시험자의 숙련도, 시험 결과의 관리, 그 외 개인차, 시험 방법 등에 따라서 현저한 차이가 발생될 수 있다.

De Mello[8]는 표준관입시험에서 문제가 되는 항목을 다음과 같이 지적하고 있다. ① 시험자의 숙련도, ② 관입에너지의 전달기구, ③ 보링공 형성 방법, ④ 이수(泥水)의 사용 유무, ⑤ 관입 메커니즘이다. 또한 Schmertman[8]은 N치에 영향을 주는 기본적인 사항으로, ① 보링공 하부의 유효응력, ② 샘플러에 전달되는 타격에너지, ③ 샘플러의 구조, ④ N치 측정구간 등을 들고 있다.

이러한 측정상 지반조건 등에 의해서 발생되는 오차를 보정하기 위해 N치가 수정되고 있다. 그러한 수정은 ① 롯드(rod) 길이에 대한 수정, ② 토질조건에 대한 수정, ③ 상재압에 따른 수정 등이 있다.[8]

4.2.3 *N*치의 활용도

여러 가지 지반조사법 가운데 가장 일반적으로 사용되고 있는 표준관입시험에서 얻어지는 *N*치는 '원위치에 있는 흙의 연경과 다져있는 상태의 상대치를 나타낸 값'이라 할 수 있다.

그러한 *N*치는 지반의 지지력, 점착력, 내부마찰각, 상대밀도, 변형계수, 전단파속도 등의 판정에 이르기까지 그 이용도가 광범위하다. 이러한 표준관입시험의 조사 결과로 판단되는 사항들을 열거하면 표 4.1과 같다.[1,26]

표 4.1 표준관입시험의 결과로 판단되는 사항[1,26]

구분		판별 및 추정사항
조사 결과의 일람표로 종합 판정하는 사항		- 구성토질 - 깊이방향의 강도변화 - 지지층의 위치 - 연약층의 유무 - 배수조건 - 액상화 유무 - 기타
*N*치로부터 판정할 수 있는 사항	모래지반	- 상대밀도, 내부마찰각 - 침하에 대한 허용지지력 - 지지력계수, 탄성계수 - 액상화 강도
	점토지반	- 컨시스턴시 - 일축압축강도(점착력) - 파괴에 따른 극한·허용지지력

4.3 토질특성과의 관계

초기의 계획단계에서부터 지반상황 파악, 구조물형식 선정, 시공관리, 안전관리 등의 단계에 이르기까지 유용한 자료를 제공해주는 *N*치는 이용한계에도 불구하고 많은 연구 결과가 나오고 있다. 토질특성과의 관계를 지반에 따라 살펴보면 다음과 같다.[9]

4.3.1 점성토지반에서의 관계

Terzaghi & Peck(1948)이 *N*치와 점성토의 컨시스턴시, 일축압축강도와의 관계를 표 4.2와 같이 제시한 이래 *N*치로부터 점성토의 강도를 추정하는 방법에 대하여 많은 연구 결과가

발표되고 있다.[23]

표 4.2 점성토의 컨시스턴시, 일축압축강도 및 N치의 관계(Terzaghi & Peck)[23]

N치	컨시스턴시	$q_u(\text{t/ft}^2)$
~2	매우 연약한	0.25 이하
2~4	연약한	0.25~0.50
4~8	중간	0.50~1.00
8~15	견고한	1.00~2.00
15~30	매우 견고한	2.00~4.00
30 이상	단단한	4.00 이상

앞에서 제안된 값은 지금까지 가장 일반적으로 사용되었으며 $q_u(\text{t/ft}^2) = N/8$의 관계를 나타내고 있다.

그러나 이러한 결과는 일축압축강도시험에 사용한 시료로 표준관입시험 시 샘플러 속에 들어간 흐트러진 상태의 시료를 사용하였으므로 q_u가 과소하게 측정되는 경향이 있는 것으로 알려졌다.[25]

한편 Casagrande와 Bowles[17]도 점토의 컨시스턴시에 따른 N치와 일축압축강도와의 관계를 표 4.3 및 4.4와 같이 정리하였다. 이 표에서 제시된 관계를 보면 Casagrande의 제안에서는 $q_u = N/2 - N/4(\text{t/ft2})$, Bowles의 제안에서는 $q_u = 0.25N(\text{ksf})$, 즉 $q_u = N/8(\text{t/ft2})$의 관계를 나타내고 있다.[18]

Das는 점토의 컨시스턴시에 따른 N치와 일축압축강도의 관계를 표 4.5와 같이 제시하고 있는데 $N - q_u$의 관계는 $q_u = N/8 - N/10(\text{t/ft}^2)$의 비율을 나타내고 있다.[19]

표 4.3 점성토의 연경도, q_u 및 N치의 관계(Casagrande)[17]

N치	연경도	$q_u(\text{t/ft}^2)$
2 이하	매우 연약한	0.5 이하
2~4	연약한	0.5~1.0
4~8	중간	2.0~4.0
8~15	단단한	4.0 이상

표 4.4 점성토의 연경도, q_u 및 N치의 관계(Bowles)[17]

연경도	매우 연약한	연약한	중간	견고한	매우 견고한	단단한
q_u, ksf	0	0.5	1.0	2.0	4.0	8.0
(kPa)		(25)	(50)	(100)	(200)	(400)
N, standard penetration resistance	0	2	4	8	16	32
r_{sat}, pcf (kN/m³)		100~200 (16~19)	110~130 (17~20)		120~140 (19~22)	

표 4.5 점성토의 연경도, q_u 및 N치의 관계(Das)[19]

N치	연경도	$q_u (t/ft^2)$
0~2	매우 연약한	0~0.25
2~5	연약한	0.25~0.50
5~10	중간 견고한	0.50~1.00
10~20	견고한	1.00~2.00
20~30	매우 견고한	2.00~4.00
30 이상	단단한	4.00 이상

이장오는 광양만 광양제철소 지역의 정규압밀 상태에 있는 충적점성토(clayey silt or silty clay)에 대한 $N-q_u$의 관계에서 실측 N치는 4 이하인 것이 대부분으로 N치가 낮은 점성토 지반에서는 $N-q_u$의 상관관계를 구하기가 힘드나 중간 상태의 연경도를 나타내는 N치 4 이상의 점성토에서는 $q_u = N/4 - N/8$의 범위를 나타내고 있으며 이는 Terzaghi & Peck이 제시하고 있는 $q_u = N/8$의 값이 하한치에 달하고 있다고 하였다.[8]

4.3.2 사질토지반에서의 관계

사질토지반에서 N치는 점성토지반과는 달리 아주 중요한 역할을 하고 있다. 이는 점성토 지반에서는 흐트러지지 않은 시료의 채취 방법이 어느 정도 확립되어 실내시험으로부터 강도를 판정할 수 있으나 사질토지반에서는 흐트러지지 않은 시료의 채취가 곤란하여 실내에서 현장조건을 재현하기가 어렵고 원지반상태에서의 강도를 판정하기가 어렵기 때문이다.

(1) N치와 상대밀도와의 관계

Terzaghi & Peck은 N치와 상대밀도와의 관계를 표 4.6과 같이 제안하였으며,[23] Meyerhof는 Gibbs-Holtz의 실험성과를 기초로 하여 상대밀도를 유효상재압(σ_v')과 N치의 함수로 식 (4.1)과 같이 제안한 바 있다.[1]

$$D_r(\%) = 21 \sqrt{/\sigma_v' + 0.7} \tag{4.1}$$

표 4.6 N치에 따른 모래의 상대밀도(Terzaghi & Peck, 1948)[23]

N치	밀도상태	상대밀도 D_r
0~4	매우 느슨	0.0~0.2
4~10	느슨	0.2~0.4
10~30	중간	0.4~0.6
30~50	조밀	0.6~0.8
50이상	매우 조밀	0.8~1.0

또한 Das[18] 및 Bowles[17]은 N치와 상대밀도, 마찰각 등과의 관계를 표 4.7 및 4.8과 같이 정리하였다.

표 4.7 모래의 상대밀도, 마찰각 및 N치의 관계[18]

N치	상대밀도 D_r	마찰각 $\phi(°)$
0~5	0.0~0.05	26~30
5~10	0.05~0.30	28~35
10~30	0.30~0.60	35~42
30~50	0.60~0.95	38~46

표 4.8 모래의 ϕ, D_r, γ 및 N치의 관계[17]

상태	매우 느슨	느슨	중간	조밀	매우 조밀
상대밀도 D_r	0 0.15	0.35	0.65	0.85	1.00
표준관입시험치 N	5~10	8~15	10~40	20~70	>35
내부마찰각 $\phi°$	25~30° 27~32°	30~35°	35~40°	38~43°	
단위체적 중량 r_t pcf	70~100	90~115	110~135	110~140	130~150
(kN/m³)	(11~16)	(14~18)	(17~20)	(17~22)	(20~23)

(2) N치와 전단저항각(내부마찰각)과의 관계

표 4.7 및 4.8에서 나타난 바와 같이 사질토의 내부마찰각은 N치와 상당한 관계가 있음을 알 수 있다. Terzaghi & Peck[23] 및 Meyerhof[1,10]도 N치와 내부마찰각 사이의 관계를 제안한 바 있는데 이 결과를 정리하면 표 4.9와 같다.

표 4.9 N치와 전단저항각과의 관계[7,10]

N치	전단저항각 $\phi(°)$	
	Peck	Meyerhof
0~4	28.5 이하	30 이하
4~10	28.5~30	30~35
10~30	30~36	35~40
30~50	36~41	40~45
50 이상	41 이상	45 이상

한편 Dunham은 Terzaghi & Peck이 제시한 결과를 정리하여 근사식을 제안한 바 있다.[10] 그 결과를 정리하면 표 4.10과 같으며, 오오자키(大崎)도 동경의 지질도 작성 시 얻은 자료를 가지고 다음과 같은 식을 제안하였다.[10,25]

$$오오자키\ 식:\ \phi = \sqrt{20\,N + 15}$$

(4.2)

표 4.10 N치와 전단저항각과의 관계(Dunham)[7,10]

상태	관계식
입경이 균일, 입자가 구형	$\phi = \sqrt{12N+15}$
입도분포 양호, 입자가 각형	$\phi = \sqrt{12N+25}$
입도분포 양호, 입자가 구형	$\phi = \sqrt{12N+20}$
입경이 균일, 입자가 각형	

(3) 지지력과의 관계

Meyerhof는 사질토지반상의 매트(mat) 기초의 지지력을 N치로부터 다음과 같이 구하도록 제안하고 있다.[11]

$$q_0 = 3.3NB(\text{t/m}^2) \tag{4.3}$$

$$q_f = q_0(1 + D_f/B) \tag{4.4}$$

여기서, B=매트 기초폭

N=기초면에서 깊이 B까지의 지반에 대한 평균 N치

q_f=기초의 매설깊이가 D_f(m)일 때 지지력

Peck, Hanson, Thornburn 등은 기초지반에서 기초폭만큼의 깊이의 평균 N치로 침하량 25mm에 대한 허용지지력을 그림 4.1과 같이 제안하였다.[10]

Teng(1962)은 연구 결과 Terzaghi & Peck(1948)이 제안한 N치와 허용지지력과의 관계곡선(침하량 2.5cm일 경우)이 일치한다는 것을 알고 식 (4.5)와 같이 제안하고 있으며,[8] Meyerhof(1956, 1974)도 침하량 2.5cm인 경우에 1.2m 기초폭을 기준으로 식 (4.6) 및 (4.7)의 관계식을 제시하고 있다.[8] 그림 4.2는 침하량 2.5cm에 대한 허용지지력과 N치와의 관계를 도시한 그림이다(Meyerhof, 1956).[7]

$$q_0 = 3.53(N-3)(B+0.3/2B)^2 K_d(\text{t/m}^2) \tag{4.5}$$

$$q_a = 1.2NK_d(\text{t/m}^2) \qquad B \leq 1.2\text{m} \tag{4.6}$$

$$q_a = 0.8N(B+0.3/B)^2 K_d(\text{t/m}^2) \qquad B > 1.2\text{m} \tag{4.7}$$

또한 Bowles(1977, 1982)은 Meyerhof의 제안식 (4.6) 및 (4.7)을 50% 할증시켜 식 (4.8) 및 (4.9)를 제안한 바 있다.[8]

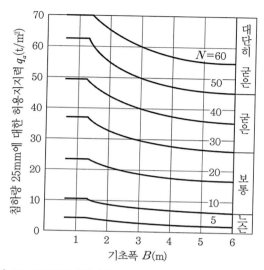

그림 4.1 사질토지반에서의 25mm 침하량에 대한 허용지지력

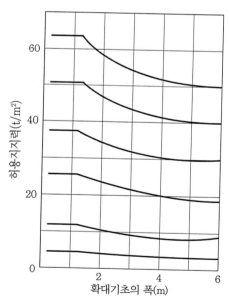

그림 4.2 침하량 2.5cm에 대한 허용지지력과 N치와의 관계(Meyerhof, 1956)[7]

그림 4.3은 Bowles(1982)이 제시한 2.5cm 침하량에 대한 허용지지력과 N치와의 관계를 도시한 그림이다.

$$q_a = 1.9N, \; K_d(\text{t/m}^2) \qquad\qquad B \le 1.2\text{m} \qquad\qquad (4.8)$$

$$q_a = 1.2N(B+0.3/B)^2 K_d(\text{t/m}^2) \qquad B > 1.2\text{m} \qquad\qquad (4.9)$$

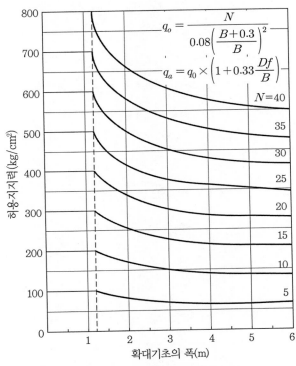

그림 4.3 침하량 2.5cm에 대한 허용지지력과 N치와의 관계(Bowles, 1982)[17]

(4) 지진 시 사질토지반의 액상화와 N치

경험적으로 10m 이내의 깊이에서 지진 시 액상화의 한계는 $N=10{\sim}15$이며 N치와 유효상재하중에 의하여 액상화 강도(R)를 구할 때는 식 (4.10)을 이용한다.[1]

$$R = 0.0082\sqrt{\frac{R}{\sigma_r' + 0.7}} + R_2 \qquad\qquad (4.10)$$

4.4 우리나라 점성토지반에서의 표준관입시험치와 토질특성과의 상관성[7]

4.4.1 대상 지반

손원표(1989)는 우리나라의 3개 지역의 점성토지반을 대상으로 표준관입시험 결과와 흙의 제반 특성을 연계하여 상관특성을 조사한 바 있다.[7]

사용한 자료는 인천을 중심으로 한 서해안지역(제1지역)에서 실시된 지반조사[5,15,16]에서 얻은 178개 자료와 광양, 김해, 안성 등의 남해안 지역(제2지역)에서 실시된 지반조사[11,14]에서 얻은 77개의 연약한 점성토에 대한 자료 및 서울을 비롯한 내륙지역(제3지역)에서 실시된 101개의 견고한 점성토에 대한 자료[3,4,13]로 총 356개에 달한다.

이용 자료는 현장에서 실시된 표준관입시험에 의한 N치와 채취시료에 대한 실내시험에서 얻은 자연함수비, 비중, 습윤 및 건조밀도, 액성한계, 소성한계, 일축압축강도 및 압축지수 등이다.

4.4.2 아터버그한계 및 자연함수비와의 관계

지금까지의 기존연구에서 아터버그한계와 자연함수비와의 관계에 대하여 많은 언급이 있었으며,[26] 그 결과는 비례관계를 나타내고 있다. 그러나 여기서는 N치와 W_n/W_L, W_n/W_p, W_n/PI 등의 관계를 분석하였다.[7] 그림 4.4는 점성토의 함수비와 N치와의 관계를 조사한 결과이다. 종축으로는 자연함수비와 액성한계의 비 W_n/W_L을 취하여 자연함수비가 액성한계에 비하여 어느 정도의 상태에 있는지를 판단할 수 있게 하였고, 횡축은 N치를 대수좌표로 표시하였다.

그림 4.4에 의하면 함수비가 크면 N치가 낮고 함수비가 작으면 N치가 높아지고 있는 것을 알 수 있으며 W_n/W_L과 N치는 반대수지상에서 직선관계의 분포를 보이고 있다. 즉, N치가 1인 지반의 경우 W_n/W_L은 주로 1.0에서 1.4 사이를 나타내고 있어 지반이 액성한계 이상의 함수비상태에서는 N치가 1 정도로 매우 낮으며, 함수비가 낮아질수록 N치는 30까지 높아지고 있다.

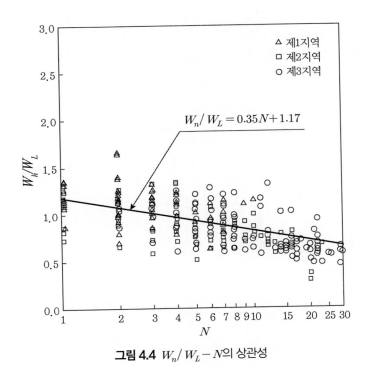

그림 4.4 $W_n/W_L - N$의 상관성

이들 관계를 회귀분석하여 W_n/W_L과 N치 사이의 상관관계식을 구해보면 식 (4.11)과 같다.

$$W_n/W_L = -0.35N + 1.17 \tag{4.11}$$

이 결과로부터 N치가 4 이하가 되는 초연약지반 및 연약지반에서는 자연함수비가 액성한계 이상이 되고 있다.

한편 W_n/W_p 및 W_n/PI와 N치 사이의 상관성도 동일하게 검토해서 상관식을 구해보면 식 (4.12) 및 (4.13)과 같다.

$$W_n/W_p = -0.80\log N + 2.20 \tag{4.12}$$

$$W_n/PI = 0.34\log N + 2.82 \tag{4.13}$$

이들 관계도 그림 4.4 및 식 (4.11)과 마찬가지로 함수비가 크면 N치가 낮고 함수비가 작으면 N치가 높아지고 있다는 것을 알 수 있으며, W_n/W_p 및 W_n/PI와 N치도 반대수지상에서 직선관계의 분포를 보이고 있다.

손원표(1989)는 N치가 1인 지반의 경우 W_n/PI가 2.0~5.0의 분포를 보이며, 평균적으로는 약 3.0에 이르고 있어 N치 1~2의 아주 연약한 지반에서는 함수비가 소성지수의 거의 세 배 수준임을 제시하였다. Terzaghi & Peck에 의해 중간상태의 지반으로 분류되는 $N=4\sim8$에서는 W_n/PI가 2.5 정도를 나타내며 N치 15 이상의 매우 단단한 상태의 지반에서는 W_n/PI가 2.0 정도를 나타났다.

한편 일본에서 발표된 자연함수비와 소성지수의 관계에서는 $PI=0.62\,W_n$의 관계를 나타내고 있어 평균적으로 보아 소성지수가 자연함수비에 거의 반 수준으로 나타나고 있다.[26]

이러한 결과로부터 N치 4~8인 중간상태의 점성토지반에서는 자연함수비가 소성지수의 두 배 수준이며 소성지수 이하의 자연함수비는 나타나지 않고 있다. 또한 W_n/PI는 W_n/W_L, W_n/W_p 등에 비해 직접적인 상관성이 적은 것으로 사료된다.[7]

4.4.3 습윤밀도 및 건조밀도와의 관계

아터버그한계시험은 연약한 점성토에서부터 아주 견고한 점성토에 이르기까지 광범위하게 시행된 데 비해 습윤밀도 및 건조밀도와 N치와의 관계는 대체로 N치가 8 이하의 점성토에 대하여 이루어졌다. 즉, N치 10 이상의 견고한 점성토에 대한 시험 결과를 구하기 어려운 현실적인 제약 때문에 N치 10 이하의 점성토에 대해서만 조사하였다.

손원표(1989)의 분석에 의하면 습윤밀도(γ_t)가 크면 N치도 높게 나타나고 있으며, γ_t와 N치는 반대수지상에서 직선관계의 분포를 보이고 있다.[7] 즉, N치가 4 이하가 되는 초연약지반 및 연약지반에서는 γ_t는 1.6~1.8kg/cm²을 나타내고 N치가 4~8인 중간상태의 지반에서는 γ_t가 1.8~2.0kg/cm²을 보이며 $\gamma_t=2.0$ 이상인 점성토는 거의 보이지 않고 있다. 전반적으로 보아 습윤밀도 γ_t의 분포범위는 1.6~2.0kg/cm²이며 그 하한치는 1.5~1.6kg/cm²였다.

이들 관계를 회귀분석하여 γ_t와 N치 사이의 상관관계식을 구해보면 식 (4.14)와 같으며 건조밀도 γ_d와 N치 사이의 상관관계식을 회귀분석으로 구해보면 식 (4.15)와 같다.[7]

$$\gamma_t = 0.04\log N + 1.81 \tag{4.14}$$

$$\gamma_d = 0.39\log N + 1.07 \tag{4.15}$$

이 결과로부터 습윤밀도와 N치에 따른 변화폭은 그 차이가 그다지 크지 않으며, N치 4를 기준으로 할 때 습윤밀도 γ_t는 1.8kg/cm² 내외를 나타내고 있다.

한편 건조밀도 γ_d와 N치에 따른 변화폭은 $\gamma_t - N$ 관계에 비해 민감하게 나타나고 있으며, N치 4를 기준해볼 때 $\gamma_d = 1.3$kg/cm² 내외를 나타냈다.

4.4.4 일축압축강도와의 관계

점성토에서의 N치와 일축압축강도와의 관계는 Terzaghi & Peck(1948)이 제안한 이래 많은 제안들이 제시되었으며, 일본에서도 村山·森田 등(1954) 및 竹中(1974)[24] 등에 의해 제안되었다.[12]

근래에는 광양만지역의 해성점성토에 대한 $N - q_u$ 관계도 발표된 바 있다. 이러한 $N - q_u$ 관계에서 Terzaghi & Peck(1948), Bowles 등은 $q_u = N/8$(kg/cm²)의 관계를 제안하고 있으며 Casagrande (1966)는 $q_u = N/4$(kg/cm²)의 관계를, 竹中는 $q_u = N/8$, 오사카 지역의 해성점토에서는 $q_u = N/3$[25] 기타 일본의 여러 시험성과에 대한 자료들도 $q_u = N/4$(kg/cm²)[24,26] 이상을 제안하고 있다.

한편 이장오(1988)[18]의 경우 광양만지역 점성토에 대한 조사 결과에서 $q_u = N/4 - N/8$ (kg/cm²)의 관계를 제안하면서 Terzaghi & Peck이 제안한 $q_u = N/8$(kg/cm²)을 하한치로 규정하였다.

본 검토 대상으로는 N치 10 이하의 점성토에 대한 일축압축시험 자료들을 서해안 인천지역 및 남해안 광양만지역, 김해, 함안지역 등에 걸쳐서 총 211개에 대하여 조사하였다.

일축압축강도 q_u와 N치의 관계를 회귀분석하여 상관관계식을 구하면 식 (4.16)과 같다.

$$q_u = 0.21\log N + 0.28 \tag{4.16}$$

이 결과로부터 N치 4 이하의 초연약지반 및 연약지반에서는 Terzaghi & Peck이 제안한 관계와 비교하여 차이가 없다. 그러나 N치 4 이상의 경우에서는 $q_u = N/8$(kg/cm²)의 관계에 비해 매우 큰 차이를 나타내고 있어 해성점토에는 $q_u = N/8$(kg/cm²)의 관계가 적합하지 않음을 유추할 수 있다.

또한 본 검토에서의 결과치는 N치 10 이하의 경우에 국한된 것으로써 현장 적용 시는 한계를 두어야 할 것으로 사료된다.

4.4.5 압축지수와의 관계

점성토의 압축지수 C_c와 N치와의 관계를 조사한 결과에 의하면 N치가 커질수록 압축지수 C_c가 감소되고 있으며 C_c와 N치는 반대수지상에서 직선관계의 분포를 보이고 있다.[7] 그 상관분포현황을 보면 N치가 1인 지반의 경우 C_c가 0.15에서 0.55 사이를 나타내며 N치가 4인 지반에서는 C_c가 0.05~0.55의 분포로 그 폭이 넓어지고 있다. 또한 N치가 8 이상인 지반에서는 C_c가 0.2의 값을 나타내고 있다.

일반적인 경우에는 압축지수와 N치 사이에 비례관계가 나타나며 항만지역이 도로지역에 비해 더욱 민감한 비례를 나타내고 있다.[26] 압축지수 C_c와 N치 사이의 관계를 회귀분석하여 상관관계식을 구하면 식 (4.17)과 같다.[7]

$$C_c = -0.15\log N + 0.33 \tag{4.17}$$

이 결과로부터 압축지수 C_c는 N치 4를 기준해볼 때 0.3의 값을 나타내고, N치 8 이상인 견고한 점성토지반에서는 0.2의 값을 보이며 그 하한치는 0.1이다.

4.5 우리나라 사질토지반에서의 표준관입시험치와 동적 관입시험치와의 상관성[6]

4.5.1 동적 관입시험

동적 콘관입시험(dynamic cone penetration test)은 보링공 사이의 개략적인 토층성상을 파악하고 지중의 동적응력파악 및 원위치전단강도의 측정 용도로 실시된다.

이 시험은 원위치에서 흙의 관입저항을 측정하고, 상대적인 흙의 경연, 다짐정도 등 토층의 구성 상태를 판정하기 위해 행해진다. 관입시험(sounding 시험)은 측정 조작상 정적 및 동적 콘관입시험의 두 가지로 구분된다. 동적 콘관입시험은 일정한 무게의 해머에 의해 전단콘 또는 샘플러를 부착한 롯드(rod)를 타입하는 충격식 관입시험이며, 일정한 관입량에 요하는 타격회수를 측정하여 지반의 관입저항을 측정하는 시험이다.

동적 관입은 가볍고 간단하여 사용하기 편리하며 원래 자연시료의 채취가 어려운 사질토의 다짐정도를 결정하고 관입저항자료를 얻기 위해 설계·사용되었다.

M.Y. Tcheng과 Mr. R.L. Herminier이 1960년에 "The interpretation of dynamic- peneteration data to determine the bearing capacity of soils supporting shallow footing"을 발표하였고 이후 Mr. A. Nadal(Paris)이 "The interpretation of dynamic- penetration diagrams for the design of piles"을 발표한 바 있다.[7]

오늘날에는 말뚝기초의 설계를 위한 재하하중과 매설깊이를 결정하기 위한 설계의 영역으로까지 용도가 확대되었으며, 많은 경우에 얕은기초를 지지하는 흙의 지지력을 계산하기 위해 이용되고 있다.

동적 콘관입시험기는 다음의 세 가지 형태가 있다.

(1) shaft와 point가 같은 직경을 가지는 동적 콘관입시험기
(2) shaft 직경이 콘직경보다 약간 적은 동적 콘관입시험기
(3) shaft 직경이 콘직경보다 적은 동적 콘관입시험기가 있으나 바깥의 움직이는 shaft의 직경이 콘의 직경과 같은 것도 있다. 현재 많이 사용되고 있는 동적 콘관입장비 및 규격은 표 4.11과 같다.

표 4.11 동적 콘관입장비 및 규격

형식	선단	롯드(mm)	해머(kg)	낙하고(cm)	관입량(cm)	회수기호
대형	대형콘	ϕ40.5	63.5	75	30	N_d
중형	중형콘	ϕ30.5	30.0	35	10	N_d 35/10

본 검토현장에서 채택 사용된 동적 콘페네트로메터(dynamic cone penetrometer)의 제원 및 규격은 표 4.12와 같다.

표 4.12 사용 동적 콘페네트로메터의 제원과 규격 검토

롯드의 직경	42%	해머의 무게	63.5kg
롯드의 무게	17.5kg	낙하고	75cm
롯드의 면적	13.85cm^2	콘의 직경	5.75cm
		콘의 면적	28.95cm^2

4.5.2 대상 지반

방효탁(1989)은 서울－대전 간의 교통체증을 덜기 위해 완공된 중부고속도로의 10개 공구 중 동적 콘관입시험을 실시한 5개 공구의 현장토질조사 보고서를 기준으로 하여 154개소의 표준관입시험 결과와 동적 콘관입시험 결과 및 이들 지역에 대한 입도분석 결과를 사용하여 분석을 실시하였다.[13]

이들 보링 위치 중에서 사질토지반에 관한 자료만을 중심으로 사용하였다. 시험 실시 결과는 표 4.13과 같다. 또한 이들 5개 공구의 위치 혹은 주소는 표 4.14와 같다.

표 4.13 동적 콘관입시험 실시 결과[6]

현장명	시험위치 (개소)	채취시료수	시료구성				비고
			자갈	모래	실트	점토	
제1현장	24	54	11	31	5	7	중부고속도로 제1공구[13]
제2현장	29	12		9	2	1	중부고속도로 제6공구[13]
제3현장	39	35	4	23	2	6	중부고속도로 제7공구[13]
제4현장	29	34	12	18	1	3	중부고속도로 제8공구[13]
제5현장	33	84	2	64	3	15	중부고속도로 제9공구[13]
합계	154	219	29	145	13	32	

표 4.14 각 현장의 위치[13]

현장명	위치 및 주소	비고
제1현장	경기도 광주군 동부면	중부고속도로 제1공구
제2현장	충청북도 음성군 만승면~진천군 덕산면(18km)	중부고속도로 제6공구
제3현장	충청북도 진천군 덕산면~문백면(12km)	중부고속도로 제7공구
제4현장	서울 기점 94~108km 구간	중부고속도로 제8공구
제5현장	청주시 신대동~청원군 남이면 석실리	중부고속도로 제9공구

4.5.3 평균입경과 관입시험치와의 관계

그림 4.5는 동적 관입저항치 R_d에 미치는 흙 입자 크기의 영향을 조사한 결과이다. 여기서 사질토의 입자크기는 평균입경 D_{50}으로 나타냈다. 그림의 종축은 동적 관입응력 R_d로 횡축은 평균입경 D_{50}을 대수눈금으로 표시하였다. 이 그림에 의하면 일반적으로 평균입경 D_{50}이 큰 시료의 경우는 동적 콘관입저항력 R_d의 분포폭도 크게 되는 경향이 있다. 또한 R_d의 상한치에 대한 포락선은 그림 중 실선으로 표시된 바와 같이 $D_{50} - R_d$의 반대수지상에서 직선으로 표현될 수 있다. 따라서 동적 콘관입저항력의 최대치는 평균입경의 증가와 더불어 증기됨을 알 수 있다.

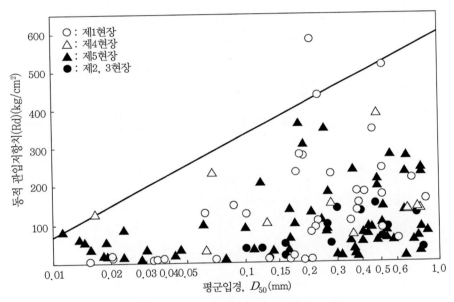

그림 4.5 평균입경 D_{50}과 관입저항치 R_d의 관계

한편 그림 4.6은 표준관입 시험의 N치에 미치는 흙입자 크기의 영향을 조사해본 결과이다. 이 그림의 종축은 표준관입시험에 의한 N치를 정규눈금으로 횡축은 평균입경 D_{50}을 대수눈금으로 표시하였다.

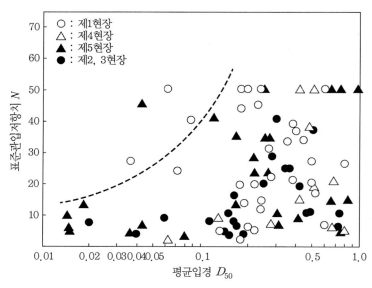

그림 4.6 평균입경 D_{50}과 N치의 관계

그림 4.6에 의하면 N치는 평균입경의 영향을 나타낸 그림 4.5의 동적 콘관입저항치 R_d만큼 명백히 받고 있지는 못하나 대략적으로 N치의 분산 폭은 평균입경의 증가와 더불어 커지고 있음을 알 수 있다.

즉, 평균입경이 0.1mm 이하인 경우는 몇몇 경우를 제외시키면 N의 분산 폭이 그다지 크지 않으나 0.1mm 이상의 입자를 가지는 시료의 지반에서는 N치의 분산 폭이 매우 크다.

이들에 대한 대략적인 경향은 그림 중의 점선과 같이 표현해보았다. 평균입경이 증가하면서 N치도 증가하는 경향을 볼 수 있다. 따라서 그림 4.5 및 4.6에서 보는 바와 같이 평균입경이 증가할수록 N치와 R_d의 최대치와 분산 폭이 증가함을 알 수 있다. 따라서 동적 관입저항은 입경에 영향을 받는다고 할 수 있다.

Robertson et al.(1983)[22] 및 Seed & Alba(1985)[22]는 정적 관입저항력 q_c와 N치의 비인 q_c/N이 평균입경 D_{50}에 관련이 있음을 그림 4.7과 같이 제시하였다.

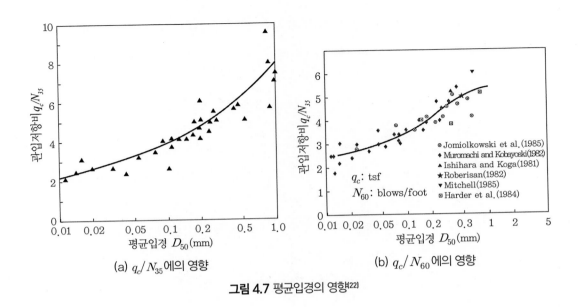

(a) q_c/N_{35}에의 영향

(b) q_c/N_{60}에의 영향

그림 4.7 평균입경의 영향[22]

표 4.13에 열거한 본 검토현장자료에 대하여도 동적 콘관입저항력 R_d와 N치의 비인 $q_d/N-D_{50}$ 관계에서도 이런 상관성이 있는지의 여부를 조사해보면 그림 4.8과 같다.

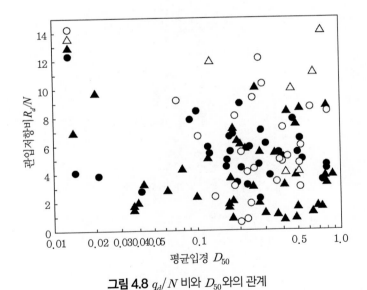

그림 4.8 q_d/N 비와 D_{50}와의 관계

이 그림 4.8과 같은 검토 결과에 의하면 Robertson et al.(1983)[4] 및 Seed & Alba(1985)[22]가 정적 콘관입시험에서 얻은 q_c/N과 D_{50}의 상관성과 같은 좋은 상관관계는 얻을 수 없음을 알 수 있다.[6]

4.5.4 N치와 R_d의 관계

방효탁은 표 4.13에 열거한 5개 현장의 자료를 대상으로 하여 동적 콘관입저항력 R_d와 표준관입시험의 N치 사이의 상관관계를 조사해본 결과, 표 4.13과 같은 상관식을 구하였다.[6]

이들 분석 결과에 의하면 동적 콘관입저항력 R_d는 N치의 증가와 함께 증가되고 있음을 알 수 있다. 표 4.15에 정리한 식은 이들 관계를 회귀분석으로 하여 구한 상관식이다.

이들 결과에 의하면 제1현장에서 제3현장까지는 상관성이 아주 양호하나 제1현장과 제5현장의 상관성은 좋지 않다.[6] 표 4.15에서 동적 관입저항 결과 R_d와 N치 사이의 선형적 상관관계는 전 현장에서 확인할 수 있다.

표 4.15 N치와 동적 콘관입저항력 R_d 및 동적 콘관입타격회수 N_d와 표준관입시험치 N치와의 상관식[6]

현장명	R_d와 N치의 상관식	N_d와 N치의 상관식
제1현장	$R_d = 5.5N$	$N_d = 1.4N$
제2현장	$R_d = 5.9N$	$N_d = 1.6N$
제3현장	$R_d = 4.8N$	$N_d = 1.5N$
제4현장	$R_d = 10.8N$	$N_d = 2.9N$
제5현장	$R_d = 4.1N$	$N_d = 1.1N$

일반적으로 동적 콘관입저항력 R_d와 N치 사이에는 식 (4.18)과 같은 상관식이 존재한다.

$$R_d = kN \tag{4.18}$$

여기서, k는 상관계수로 지역에 따라 특성을 가지며 그림 4.9에 도시된 바와 같이 4에서 11까지로 분포한다. 표 4.15에서 보는 바와 같이 상관계수 k는 지역에 따라 4.1에서부터 10.8까지 분포하고 있음을 알 수 있다. 따라서 R_d와 N치 사이의 단일식을 찾기는 매우 곤란할 것으로 생각된다. 이들 선형관계식을 함께 도시하면 그림 4.9와 같다.

입도분석 결과와 관련하여 도시한 그림 4.9를 관찰해보면 자갈성분이 많은 제4현장에서의 k값은 10.8로 높고 점토와 실트의 성분이 많은 제5현장에서의 k값은 4.1로 낮게 나타나고 있다. 따라서 k값은 지반을 구성하고 있는 토질성분에 크게 영향을 받고 있다고 할 수 있다.

즉, 조립분이 많이 섞인 제4현장에서 자갈로 분류된 시료들의 상관관계는 $R_d = 12.4N$이 되기도 한다.[6] 표 4.15에서 제4현장에서의 상관식은 $R_d = 10.8N$였으므로 $R_d = 12.4N$와 서로 비교해보면 상관계수 k가 더 커지고 있음을 알 수 있다. 따라서 자갈성분이 많은 흙일수록 상관계수 k가 커짐을 확인할 수 있다.

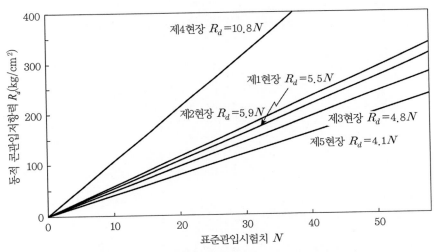

그림 4.9 현장별 동적 콘관입 저항력 R_d와 N치 사이의 관계

한편 세립분이 많은 제5현장에서의 시험 결과 중 세립토로 분류된 시료들의 N과 R_d와의 관계는 $R_d = 3.9N$이 된다. 표 4.15에 제5현장 값으로 정리된 $R_d = 4.1N$과 서로 비교하면 흙입자가 작은 세립토에서의 k값이 사질토의 k값보다 약간 작게 나타나고 있음을 알 수 있다. 즉, 흙입자가 작아지면 k값이 더욱 작아짐을 유추할 수 있다. 이와 같이 k값이 지반을 구성하고 있는 토질성분에 크게 영향을 받는 원인을 살펴보면 표준관입시험은 조사깊이까지 보링 구멍을 판 후 그 깊이에서 타격시험을 실시하는 데 반해 동적 콘관입시험은 지표면에서부터 계속적인 콘 타격에 의하여 관입하므로 콘의 롯드 주변에 지반으로부터 마찰의 영향을 받아

저항력이 실제보다 적게 되는 차이에 기인하는 것으로 생각된다. 점성토 지반의 경우는 롯드와 주변 지반 사이의 부착력에 의한 영향을 크게 받게 되어 롯드 선단에서의 관입저항력이 실제보다 적게 될 것이 예상된다. 따라서 k값은 자갈층일수록 크고 점토나 실트성분이 많은 지역일수록 적게 된다.

4.5.5 N치와 N_d의 관계

앞 절에서 살펴본 N치와 R_d 의 관계처럼 본 절에서는 동적 콘관입시험의 타격회수 N_d와 표준관입시험의 N치 사이의 상관관계를 현장별로 조사하였다. 각 현장에서의 타격회수 N_d와 표준관입시험의 N치 사이의 상관관계도 표 4.15에 정리된 바와 같다.[6]

표 4.15에는 각 현장의 N_d와 N치 사이의 상관관계가 정리되어 있는데, 이 표에 의하면 N치가 증가함에 따라 N_d도 증가함을 알 수 있다. 이 경우 분산도는 비교적 크나 N_d와 N치는 선형적 증가의 상관성을 갖고 있다고 할 수 있다.

제1현장 측정자료의 회귀분석선은 11.8%의 상관도를 갖으며 식 (4.19)의 식으로 표현된다.[6]

$$N_d = 1.4N \tag{4.19}$$

제2현장의 경우는 제1현장에서의 경우보다 좋은 상관성을 갖고 있다. 즉, 58%의 상관도를 가지고, 제1현장의 N과 N_d의 관계에 대한 회귀분석에 의한 상관식은 58%의 상관도를 가지며 식 (4.20)과 같다.[6]

$$N_d = 1.6N \tag{4.20}$$

동일한 방법으로 제3현장에서 제5현장까지의 상관성을 조사한 결과 표 4.15에 정리된 바와 같고 이들의 회귀분석에 의한 상관식은 각각 식 (4.21), (4.22) 및 식 (4.23)과 같다.[6]

$$N_d = 1.5N \tag{4.21}$$
$$N_d = 2.9N \tag{4.22}$$

$$N_d = 1.1N \qquad\qquad\qquad (4.23)$$

표 4.15에 의하면 N치와 R_d의 관계처럼 N치와 N_d 사이의 선형적 상관관계를 전 현장에서 확인할 수 있다.

森田의 연구 결과[11]와 비교하면 $N_d = k_1N$에서 중부고속도로의 경우[3] $k_1 = 1.1 \sim 2.9$로 모리타의 $k_1 = 1 \sim 1.5$보다 많은 변화폭을 갖고 있음을 알 수 있다.

그러나 제4현장을 제외한 경우는 k_1이 $1.1 \sim 1.6$이므로 모리타의 $k_1 = 1 \sim 1.5$보다 약간 큰 경향을 보이고 있을 뿐 거의 동일한 결과를 보이고 있다. 다만 자갈이 많이 섞여 있는 제4현장의 경우 $k_1 = 2.9$로 상당히 크게 나타나고 있다.

| 참고문헌 |

1) 건설부(1986), 구조물기초설계기준, pp.47-56.

2) 건설부(1988), 김해교 – 봉황교 간 도로포장공사 실시설계보고서.

3) 대한주택공사(1987), '87건설상계 2단계사업지구 지반조사보고서.

4) 대한주택공사(1987), '87건설광명하안지구 지반조사보고서.

5) 덕수종합개발(주), 인천교 부근 공유수면 매립공사 토질조사보고서.

6) 방효탁(1989), '사질토지반에서의 표준관입시험과 동적 콘관입시험과의 상관성', 중앙대학교건설대학원, 공학석사학위논문.

7) 손원표(1989), '점성토지반의 N치와 토질특성과의 상관성', 중앙대학교건설대학원, 공학석사학위논문.

8) 이장오(1988), 'N치에 의한 지반의 가치', 대한토목학회지, 제36권, 제5호; 제6호, pp.22-29; 24-30.

9) 임병조(1984), 기초공학, 치정문화사, pp.1-15.

10) 최계식(1986), 토목재료시험법 해설 및 응용, 형설출판사, pp.560-566.

11) 포항종합제철주식회사(1987), 광양2기제품부두건설공사 토질조사보고서.

12) 한국공학사, 토목시공계획데이터북, 상권, pp.130-132.

13) 한국도로공사(1985), 중부고속도로건설공사 토질조사보고서, 제1,6,7,8,9공구,

14) 한국도로공사(1986), 남해고속도로 마산 – 진주 간 4차선 확장공사 토질조사보고서.

15) 한국토지개발공사(1985), 연수지구 택지개발 조사설계 토질조사보고서.

16) 한국토지개발공사(1988), 인천 남동공단 2단계 조성공사 토질조사보고서.

17) Bowles, J.E.(1982), *Foundation Analysis and Design*, McGraw Hill, New York, pp.99-101.

18) Das. B.M.(1984), *Principles of Foundation Engineering*, Wedsworth, Delmont, pp.73-74.

19) Das. B.M.(1985), *Principles of Geotechnical Engineering*, PWS, Boston, pp.539-541.

20) Miura, S., Toki, S. and Tanizawa, F.(1984), "Cone penetration characteristics and its correlation to static and cyclic deformation-strength behaviors of anisotropic sand", Soils and Foundations, Vol.24, No.2, p.58.

21) Sanglerat, G.(1972), *The penetrometer and soil exploration*, Elesvier, New York, pp.245-246.

22) Seed, H.B. and Alba, P.D.(1986), "Use of SPT and CPT tests for evaluating the liquefaction resistance of sands", Use of in situ tests in geotechnical engineering, Vol.I, ASCE, pp.281-302.

23) Terzaghi, K. and Peck, R.B.(1967), *Soil Mechanics in Engineering Practice*, John Wiley & Sons, New

York, pp.341-347.

24) 日本土質工學會(1978), 土質調査の計劃と應用, pp.135-149.

25) 日本土質工學會(1979), N치 およびcとφの考え方, pp.19-20.

26) 建設産業調査會(1981), 最新軟弱地盤ハンドブック, pp.40-42; 99-107.

암발파 진동상수

암발파 진동상수

5.1 서론

최근 고도의 산업발달에 따라 기간산업의 급속한 확충과 지하공간의 활용을 극대화하기 위한 지하굴착공사가 급증하고 있는 추세이다.

그러나 우리나라지층과 같이 장노년기 지층으로 구성된 지역에서는 표토층이 비교적 얇고 암층이 많이 분포되어 있는 관계로 암층에서의 굴착공사가 빈번히 존재하고 있다. 특히 도심지에서 이러한 공사 시에는 많은 부수적인 시공상의 문제점을 내포하고 있다.

도심지에서 한정된 토지를 효율적으로 개발하는 과정에서 발파공사가 급격히 늘었고, 대도시의 재개발이나 지하철 등의 지하구조물 공사 시 기존구조물에 근접하여 발파가 이루어지는 경우도 많아졌다.[13,16]

TBM이나 무진동 파쇄재를 이용하는 방법이 있기는 하지만 기술적·경제적 한계 때문에 아직은 발파공법을 많이 사용하고 있다.

따라서 진동이나 소음문제는 불가피하게 발생하게 되며 이에 대한 민원 발생이 증가하는 추세에 있다.

그동안 산업발달에 따라 등한시되었던 인간의 기본권에 대한 욕구가 커지면서 시공자와 인근 주민들 사이에 발파로 인한 마찰이 증대되고 공사 진행에 커다란 변수로 작용하게 되었다. 그러나 진동, 소음에 대한 법적·기술적 규제가 미흡하고 국내 실정에 부합되는 정리된 이론이 부족하여 발파 민원에 대한 일관성 있는 처리가 불가능한 상태이다.

따라서 제5장에서는 경험적으로 제안된 여러 가지 진동식을 국내 현장에서 실측한 자료를 이용하여 우리나라 실정에 적합한 진동 추정식을 제안하고자 한다.

특히 지금까지 사용되고 있는 각종 실험식의 검토는 물론이고 진동상수에 영향을 미치는 요소를 추출하여 각각의 요소에 대한 영향 정도를 파악하고자 한다.

결국 제5장은 궁극적으로 도심지에서의 발파 시공 시 활용할 수 있는 유익한 정보를 제공해줄 것이다.

5.2 발파진동

5.2.1 기본 이론

폭약이 장약공 내에서 폭발하면 주위의 암반은 강력한 폭굉 충격을 받게 된다. 이때 장약된 화약의 특성과 폭발속도에 따라 대단히 큰 충격압이 발생되며 대부분의 에너지는 암석의 파괴에 이용되며, 일부 잔여 에너지는 암석의 균열이 발생하는 인장 파괴권을 형성하면서 속도가 줄어들고 안정된 유사 탄성영역에서 진동파 운동을 한다.[7]

이와 같이 탄성영역에서 암반이 충격을 받게 되면 변형을 일으키는데, 이때 암반의 고유질량은 변형운동을 유지시키려고 하는 반면에 암반 내부의 강성은 이 변형을 억제하려고 한다.

이러한 일련의 과정이 반복적으로 진행되며 소산되는데, 이렇게 암반의 변형상태로부터 변형과 회복을 계속하는 파동운동이 발파진동이다.[8]

파는 그림 5.1에 분류되어 있는 바와 같이 물체파와 표면파의 두 가지로 크게 분류할 수 있다.

발파진동은 두 가지의 기본 형태로 구별하는데, 암반 내부를 통해 진행하는 물체파는 P로 표시되는 음파와 같은 압축파(압축, 안장)와 S로 표시되는 비틀림파로 나눌 수 있다.

이러한 물체파들은 다른 암석, 토층이나 지표면과 같은 경계를 만날 때까지 외부를 향해 구상(球狀)으로 전파한다.

이 경계면에서 전단파 및 표면파가 생성되며 전단길이가 멀어지면 레일리 표면파가 중요하게 된다.

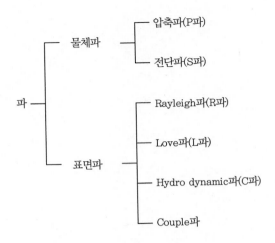

그림 5.1 파의 종류

압축파(P파), 전단파(S파), 레일리(Rayleigh)파(R파)의 형태는 그들이 통과하는 지질이나 암석입자들의 운동 형태를 아주 다르게 만든다. 각각의 주요 파형에 따라 달라지는 입자 운동과 지반(또는 구조물)의 변형을 그림 5.2에 비교하여 나타내었다.

진동파에서 1초 간격으로 반복하는 파의 수를 주파수(Hz)라 하고 반복되는 시간의 간격을 주기라 하며 반복되는 파의 간격을 파장(m)이라고 한다. 또한 지반진동은 일반적으로 변위(displacement), 입자속도(particle velocity), 가속도(acceration)의 세 성분과 주파수(frequency)로 표시되는데, 이들 상호 간의 관계는 식 (5.1)과 (5.2)와 같이 나타낼 수 있다.

$$D = \int V dt \tag{5.1}$$

$$V = \int A dt \tag{5.2}$$

여기서, D = 변위

t = 시간

V = 입자속도(dD/dt)

A = 가속도(dV/dt)

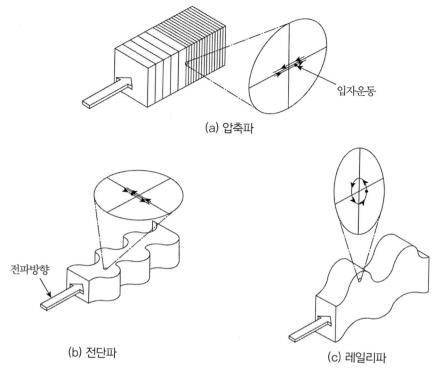

(a) 압축파

(b) 전단파   (c) 레일리파

그림 5.2 파의 종류에 따른 입자의 운동모양

파형에 관계없이 발파진동은 그림 5.3에서와 같이 반경방향, 즉 종선을 따라 시간이나 거리에 따라 변하는 사인파로 단순화시킬 수 있다.

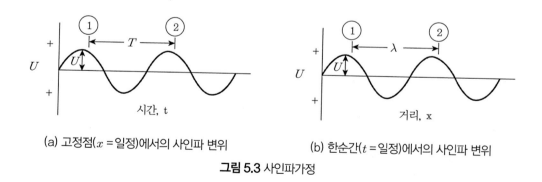

(a) 고정점(x =일정)에서의 사인파 변위   (b) 한순간(t =일정)에서의 사인파 변위

그림 5.3 사인파가정

이러한 지반운동은 단순조화진동(simple harmonic motion)으로 볼 경우 최대진동폭에서의 변위, 속도 및 가속도 사이에는 다음과 같은 식이 성립한다.[5]

$$D = \frac{V}{2\pi f} \qquad \text{(또는 } V = 2\pi f D)$$ (5.3)

$$V = \frac{A}{2\pi f} \qquad \text{(또는 } A = 2\pi f V)$$ (5.4)

$$f = \frac{1}{T} \qquad \text{(또는 } \omega = 2\pi f)$$ (5.5)

여기서, f, T=주파수, 주기

ω =각속도(angular velocity)

5.2.2 발파진동식

발파진동의 크기를 결정하는 요소로는 입지조건과 발파설계로 크게 나눌 수 있다. 입지조건은 발파지점과 인근구조물의 기하학적 형태와 해당지역의 지질 및 암반상태 그리고 지형 등에 의해 결정되는 요소이다.

한편 발파설계는 장약량과 폭원에서 측정 지점까지의 거리에 의해 결정되는데, 여기서 장약량은 동시에 폭발하는 장약량 혹은 지발당 폭약량을 의미한다.

즉, 발파에 의한 지반진동 및 폭압의 크기는 측점으로부터 발파지점까지의 거리와 동시에 폭발하는 장약량 간에 깊은 함수관계가 있는 것으로 알려져 있다.

따라서 발파진동의 기본식은 일반적으로 식 (5.6)으로 표시된다.[1]

$$V = \left(\frac{D}{W^b}\right)^n$$ (5.6)

여기서, V=최대입자속도(cm/sec)

D=거리(m)

W=지발당 장약량(kg)

K, n=지반조건에 의해 결정되는 상수

상수 K, n은 발파시험 결과 측정된 V와 D의 관계를 양면대수지에 정리하여 기울기(n)와 절편(log K)값으로부터 구한다.

$$\log V = \log K - n(\log D + b\log W) \tag{5.7}$$

$$\log V = A + B\log D + C\log W \tag{5.8}$$

식 (5.7)은 다음과 같이 다시 쓸 수 있다.

$$Y_i = A + BXi_1 + CXi_2 + \epsilon_i \tag{5.9}$$

여기서, $Xi_1,\ Xi_2 =$ 두 독립변수 $\log D$와 $\log W$의 i번째 측정치

$\qquad Y_i = Xi_2$에 대한 $\log V$의 측정치

$\qquad \epsilon_i = \text{Error term}$

$\qquad A = \log K$

$\qquad B = -n$

$\qquad C = bn$

식 (5.6)을 (5.7)의 회귀평면상에 대표시키기 위해 $S = \sum\limits_{n=1}^{n}(A + BXi_1 + CXi_2 + \epsilon_i)^2$을 최소로 하는 $A,\ B,\ C$값을 구하면 된다.

$$\frac{\partial S}{\partial A} = 0,\ \ \frac{\partial S}{\partial B} = 0,\ \ \frac{\partial S}{\partial C} = 0 \tag{5.10}$$

이 식을 행렬 형태로 간단하게 나타내면 다음과 같다.[4]

$$\begin{bmatrix} n & \sum Xi_1 & \sum Xi_2 \\ \sum Xi_1 & \sum Xi^2 & \sum Xi\,Xi_2 \\ \sum Xi_2 & \sum Xi\,Xi_2 & \sum Xi^2 \end{bmatrix} \begin{bmatrix} A \\ B \\ C \end{bmatrix} = \begin{bmatrix} \sum Yi \\ \sum Xi\,Yi \\ \sum Xi_2\,Yi \end{bmatrix}$$

이 식은 거리와 장약량에 따라서 진동속도가 어떻게 변하는가를 나타내는 실험식의 일반적인 모형이다. K, b, n 등의 상수값은 화약의 종류, 암반의 강도특성, 발파 패턴 등의 변화요인에 의해 달라진다.

미국 광무국(USBM)에서는 여러 토목공사 현장과 채석장에서 얻은 실험 결과를 토대로 식 (5.11)을 제시하였다.[15]

$$V = 72\left(\frac{D}{W^{\frac{1}{2}}}\right)^{-1.63} \tag{5.11}$$

한편 듀퐁사(E.I. Dupond de Nemours & Co., 1977)의 제안식은 식 (5.12)와 같다.[14]

$$V = 110\left(\frac{D}{W^{\frac{1}{2}}}\right)^{-1.6} \tag{5.12}$$

스웨덴의 Langefors는 n값을 고정시키고 b, K상수는 변화시키는 모델을 식 (5.13)과 같이 제시하였다.[9]

$$V = K\left(\frac{D}{W^b}\right)^{-1.6} \tag{5.13}$$

한편 서울지하철공사에서는 실험적으로 식 (5.14) 및 (5.15)를 제시한 바 있다.[2]

$$V = KW^{0.75}D^{-1.75} \quad \text{(화강암)} \tag{5.14}$$
$$V = KW^{0.5}D^{-1.5} \quad \text{(편마암)} \tag{5.15}$$

또한 대한화학기술학회에서는 폭원과 구조물과의 거리에 따라 식 (5.16) 및 (5.17)을 제시하였다.[10]

$$V = 124 \left(\frac{D}{W^{\frac{1}{3}}} \right)^{1.66} \; : \; 0 \sim 100 \text{m} \tag{5.16}$$

$$V = 100 \left(\frac{D}{W^{\frac{1}{3}}} \right)^{1.55} \; : \; 100 \sim 300 \text{m} \tag{5.17}$$

5.2.3 발파진동의 주파수 특성

현재까지 국내에서는 발파진동에 대한 평가 시 최대진동속도에 대한 고려가 주로 되었으나 최근의 경향은 최대진동속도와 동시에 발생 주파수에 대한 검토가 이루어지고 있다. 즉, 같은 크기의 진동속도에서도 주파수의 발생대역에 따라 피해의 정도가 달라진다.

진동주파수 측면에서 자연지진이 통상 1~5Hz 정도의 저주파인 데 비해 지금까지의 연구결과(크렌웰지(Crenwelge), 1988)에 의하면 발파진동의 주파수는 0.5~200Hz의 범위 내에 존재한다.[4] 주 주파수를 최대진동속도가 발생할 때의 진동파에 대한 주파수로 정의할 때, 주 주파수의 발생대역은 발파 시의 환경, 즉 노천발파, 채석장, 토목 건설현장 등과 같은 발파지역의 특성과 장약량 및 측정거리와도 밀접한 관련이 있다고 알려져 있으며 주 주파수의 발생대역 변화는 지반의 불연속 및 절리 등 암반 상태에도 크게 영향을 받는다.

주 주파수의 발생대역을 결정하기 위해서는 발파진동의 파형을 측정하여 이로부터 최대진동속도가 나타나는 부분의 주파수를 직접 계산하는 방법과 진동의 속도와 주파수의 변화를 상대진동속도대 주파수 그래프로 도시하는 퓨리에 주파수 스펙트럼(fourier frequency spectrum)을 작성하여 가장 큰 진동속도대의 주파수 범위를 분석하는 방법 등이 있다.[11]

최근에 국내에서 사용되는 대부분의 진동 측정기는 기기 내에 분석모듈이 내장되어 있어 주 주파수 대역을 자동적으로 산정 후 출력할 수 있다.

발파작업으로 인한 지반진동의 주파수는 주로 진동의 파형과 발파의 심도에 크게 좌우되는데, 건물과 같은 지상구조물의 고유주파수(natural frequency)가 발파에 의한 진동의 주 주파수와 공진현상을 보이게 되는 경우 매우 심각한 피해가 예상되기도 한다.

구조물의 고유주파수는 건물의 높이, 폭 등에 따라 대체로 1층 건물일 경우 약 10Hz 내외, 2층일 경우 5Hz 내외의 값을 갖는 것으로 추정된다.

대체로 구조물의 높이가 높아질수록 저주파 대역으로 이동하므로 지진파와 같은 저주파

대에서 취약성을 나타내며 전달거리도 저주파 일수록 멀리까지 도달되는 것으로 알려져 있다.

또 지진공학의 연구문헌에 의하면 고층 건물 상부구조의 고유진동수는 식 (5.18)과 같은 근사식으로 구할 수 있다(Newmark & Hall, 1982).[3]

$$P = 2\pi \frac{L}{\sqrt{0.05h}}$$
(5.18)

여기서, L =구조물의 폭

h =구조물의 높이

최근 미국(O.S.M.)에서 제시한 주파수에 따른 최대 허용진동속도치는 그림 5.4와 같다.[12] 즉, 30Hz 이상에서는 2.0in/sec(5.0cm/sec)를, 12Hz와 30Hz 사이에서는 각 주파수에 따라 1.9~5.0cm/sec, 5Hz와 12Hz 사이에서는 2.0cm/sec 그리고 5Hz 미만은 0.5cm/sec 등 4단계로 구분하여 실시하는 것이 합리적인 것으로 밝혀지고 있다.

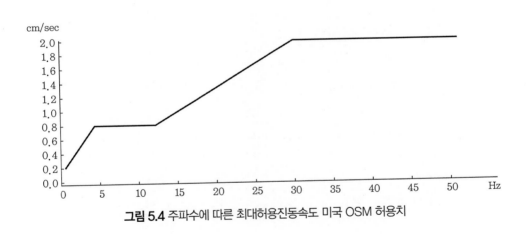

그림 5.4 주파수에 따른 최대허용진동속도 미국 OSM 허용치

또한 저주파수(5~12Hz) 때는 고주파수(30Hz 이상)에 비하여 허용치가 40%(=0.8/2)에 불과함을 알 수 있다. 반대로 고주파에서는 약 2.5배(=2/08) 크다는 것을 알 수 있다.

5.2.4 암의 공학적 분류

(1) 탄성파속도에 의한 분류

탄성파가 암반을 통하여 전달되는 속도를 측정하여 암반의 강도를 판정할 수도 있다. 탄성파에는 종파와 횡파의 두 종류의 파가 존재한다. 종파는 체적변화의 상태로 전파되는 파로서 파동 방향으로 입자가 진동하므로 종파라 하고, 비틀림의 상태로 전파하는 비틀림(torsion)파는 입자가 파의 진행방향에 대하여 수직으로 진동하므로 횡파라 한다.

종파 또는 횡파의 전파 속도는 식 (5.19) 및 (5.20)으로 표시할 수 있다.[7]

$$V_p = \sqrt{\frac{E}{\rho} \frac{1-\nu}{(1+\nu)(1-\nu)}} \tag{5.19}$$

$$V_s = \sqrt{\frac{E}{\rho} \frac{1}{2(1+\nu)}} \tag{5.20}$$

여기서, V_p = 종파의 전파속도(cm/sec)

V_s = 횡파의 전파속도(cm/sec)

ρ = 탄성체의 밀도(gr/cm³)

E = 영계수(dyne/cm²)

ν = 포아송(Poisson)비

식 (5.19)와 (5.20)으로부터 식 (5.21)을 구할 수 있다.

$$\nu = \frac{V_p^2 - 2V_s^2}{2(V_p^2 - V_s^2)} \tag{5.21}$$

V_p, V_s의 값은 실측할 수 있으며 그 암반의 포아송비가 구해지면 E값이 클수록 빨리 전파되고 경암일수록 E의 값이 크므로 경암반 일수록 탄성파속도는 커진다. 동일 매질 중에서는 항상 종파가 빠르고 계기에도 속히 감지되므로 종파의 값이 일반적으로 사용한다. 여러 종류의 토질에 대한 종파의 전달속도는 표 5.1에 정리되어 있다.[4]

표 5.1 종파의 전달속도[4]

지반조건	지하수 수준 이하의 점토, 모래, 자갈	퇴석(Morain), 슬레이트(Slate), 연약한 석회석	강한 석회석, 석영질, 사암, 편마암, 화강암, 현무암	피해 정도
종파의 전달속도 (m/sec)	300~1,500	2,000~3,000	4,500~6,000	

(2) 암반의 강도에 의한 분류

암석은 일반적으로 성질이 상이한 각종 광물의 집합체이며, 그 성분에 따라 화성암, 퇴적암, 변성암으로 분류한다. 생성과정도 복잡하여 열이나 압력에 의해서 변질, 변성 작용을 받고 있으므로 암석의 명칭이 동일하더라도 그 성질이 균일하지는 않아 암석의 명칭으로부터 그 특성을 안다는 것은 거의 불가능할 때가 있다.

암석의 강도를 표시하는 대표적인 것으로는 압축강도와 인장강도가 있다. 암석은 압축강도보다 인장강도가 매우 낮은 특징을 갖고 있으며, 인장강도와 압축강도의 비는 암석의 취성(brittleness)을 표시하는 척도로 사용되고 있다. 인장강도와 압축강도의 비가 큰 암석은 작은 변형만으로 파괴되며 이때의 파괴를 취성파괴라 한다.

건설부 표준 품셈에서는 자연 상태 또는 암편의 탄성파 속도에 따라 표 5.2와 같이 암을 5종류로 구분하고 있다.[6]

표 5.2 암반의 종류별 탄성파 속도 및 압축강도

암종		풍화암	연암	보통암	경암	극경암
탄성파속도 (m/sec)	자연상태	700~1,200	1,200~1,900	1,900~2,900	2,900~4,200	4,200 이상
	암편	2,000~2,700	2,700~3,700	3,700~4,700	4,700~5,800	5,800 이상
일축압축강도(kg/cm²)		300~700	700~1,000	1,000~1,300	1,300~1,600	1,600 이상

5.3 진동식의 결정

엄영진(1994)[4]은 발파작업이 시행된 6개 현장에서 발파계측을 수행하였다. 이 책에서는 발파계측 후 수행한 고찰 부분만 5.3절에서 5.5절에 걸쳐 수록하였다. 이들 현장의 현장계측

에 대한 자세한 내용은 참고문헌[4]을 참조하도록 한다.

암발파 시 진동상수의 결정에 영향을 미치는 요소 중 대표적인 것은 화약의 종류, 사용 화약량, 즉 지발당 장약량, 기폭 방법, 진쇄(tamping)의 상태와 장진밀도, 자유면의 수, 폭원과 측점 간의 거리, 지질조건 등에 따라 달라지는 것으로 알려져 있다.

이와 같은 다양한 조건을 충분히 만족하는 진동식을 유도한다는 것은 지극히 어려운 문제이기 때문에 통상적으로 이들 조건들을 단순화하여 선택된 몇 가지 조건을 만족하는 일반식을 유도하고 이의 분석·고찰을 통해 새로운 이론을 전개하는 방법이 사용되고 있다.

본 조사현장에서는 사용 화약의 종류는 다이너마이트로 통일하였고, 발파 패턴은 노천발파와 터널발파로 나누었으며, 지질조건은 일축압축강도에 따라 풍화암, 연암, 보통암, 경암으로 분류하였다. 일축압축강도시험이 실시되지 않은 현장의 경우 슈미트 해머를 이용한 암편에 대한 반발강도를 압축강도로 환산하여 적용하였다.

회기분석을 통해 각 현장에서 유도된 각 현장의 진동식은 표 5.3과 같다. 먼저 감쇄지수 n으로 자승근을 사용하면 환산거리는 4.05~134.2m, 최대진동치는 0.02~4.056cm/sec의 범위에서 측정되었으며 진동상수 K는 103.9~230.9 사이에 있는 것으로 나타났다.

표 5.3 각 현장별 적합도[4]

현장명	진동식	적합도(%)	환산거리	진동치(cm/sec)		비고
				최대	최소	
제1현장	$221.7X(SD)^{-1.637}$	85.2	25.8~126.5	0.03	0.75	$b=1/2$
	$225.9X(SD)^{-1.632}$	81.0	28.7~116.9			$b=1/3$
제2현장	$230.9X(SD)^{-1.744}$	82.7	41.1~134.2	0.02	0.52	$b=1/2$
	$181.8X(SD)^{-1.447}$	67.4	47.9~139.2			$b=1/3$
제3현장	$103.9X(SD)^{-0.749}$	74.4	4.39~20.32	0.969	4.101	$b=1/2$
	$117.7X(SD)^{-0.846}$	82.1	6.00~19.15			$b=1/3$
제4현장	$134.3X(SD)^{-0.984}$	89.4	4.05~16.15	1.04	4.506	$b=1/2$
	$111.9X(SD)^{-0.680}$	92.7	4.32~26.82			$b=1/3$
제5현장	$225.3X(SD)^{-1.763}$	90.1	20.0~122.3	0.098	0.612	$b=1/2$
	$200.6X(SD)^{-1.663}$	87.4	20.0~120.0			$b=1/3$
제6현장	$109.8X(SD)^{-0.787}$	96.4	24.5~69.30	0.43	1.08	$b=1/2$
	$151.7X(SD)^{-1.047}$	93.4	25.0~61.70			$b=1/3$
전체 현장	$149.3X(SD)^{-1.602}$	93.5	4.05~134.2	0.02	4.056	$b=1/2$
	$170.1X(SD)^{-1.613}$	93.4	4.32~139.2			$b=1/3$

한편 감쇄지수 n으로 삼승근을 사용하면 환산거리는 4.32~139.2m이고 최대진동치는 0.02~ 4.056cm/sec 사이에서 측정되었다. 그림 5.5에서 보는 바와 같이 제3현장에서 가장 큰 진동치 가 측정되었으며, 제1현장의 경우 가장 분산되어 있는 것으로 나타났다.

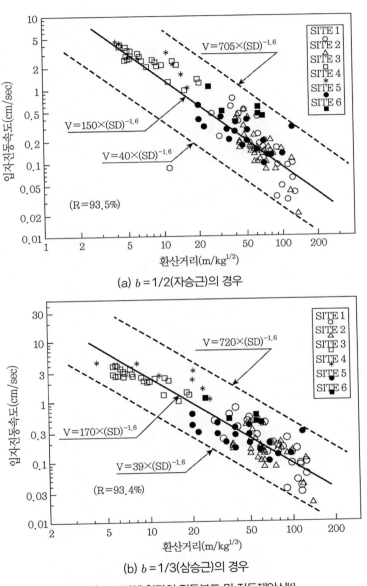

(a) b = 1/2(자승근)의 경우

(b) b = 1/3(삼승근)의 경우

그림 5.5 전체 현장의 진동분포 및 진동제안식[4]

각 현장의 계측 결과로부터 전체현장의 진동식을 유도하기 위해 전체현장에 대한 계측자료를 그림 5.5와 같이 정리하고 회기분석을 실시한 결과 식 (5.22)과 (5.23)의 경험식을 구할 수 있다.

$$V = 150 \times (SD)^{-1.6} : b = 1/2 \ (K = 40 - 705) \tag{5.22}$$

$$V = 170 \times (SD)^{-1.6} : b = 1/3 \ (K = 39 - 720) \tag{5.23}$$

그림 5.6에서 보는 바와 같이 식 (5.22)과 (5.23)은 기존의 미 광무국 및 듀폰사의 제안식 식 (5.11) 및 (5.12)와 비교해보면 기존 식보다는 다소 크게 유도되었다.[14,15,17]

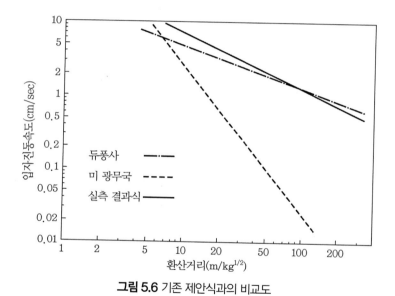

그림 5.6 기존 제안식과의 비교도

그림 5.5에서 보는 바와 같이 전체현장에 대한 분포도에서 적합도는 93% 이상으로 상당히 양호한 상태이나 환산거리 100m 이상에서는 유도된 직선식 (5.22) 및 (5.23)은 그림 5.6에서 보는 바와 같이 기존식과 상당히 차이가 있다. 따라서 진동식 (5.22) 및 (5.23)은 100m 이상의 진동거리에서는 신뢰성이 상대적으로 떨어지는 것으로 판단된다.

5.4 지반강도와 진동식의 관계

앞에서 언급되었듯이 본 조사 결과 도출된 진동상수는 기존의 국내외 제안식에 비해 크게 나타나는 것으로 조사되었다. 그 이유로는 본 조사에 이용된 현장들이 진동의 감지가 비교적 쉬운 노천발파가 많았고 지반강도가 비교적 큰 지반을 대상으로 측정되었음에 기인하는 것으로 보인다.

실제로 일축압축강도가 750~850kg/cm² 정도인 제3현장의 경우 진동식은 식 (5.24)와 같이 유도되었다.

$$V = 103.9 \times (SD)^{-0.749} \quad (b = 1/2) \tag{5.24}$$

본 조사에서 각 현장에 대한 다양한 지반조건의 영향을 충분히 고려하지 못한 점은 있으나 지반상태를 일축압축강도로 대표한다고 보고 각 현장의 일축압축강도별 진동상수 K의 값을 구하면 표 5.4와 같다. 표 5.4의 현장계측 결과를 도시하면 그림 5.7과 같다.

표 5.4 진동상수와 일축압축강도의 관계[4]

현장명	진동상수 K	감쇄지수 n	일축압축강도 (kg/cm²)	비고
제1현장	221.7	-1.637	2,063	
재2현장	230.9	-1.744	2,178	
제3현장	103.9	-0.749	800	$b = 1/2$ (자승근의 경우)
제4현장	134.3	-1.984	1,852	
제5현장	225.3	-1.763	2,165	
제6현장	108.9	-0.787	1,020	
제1현장	225.9	-1.632	2,063	
제2현장	181.8	-1.447	2,178	
제3현장	117.7	-0.846	800	$b = 1/3$ (삼승근의 경우)
제4현장	111.9	-0.680	1,852	
제5현장	200.6	-1.663	2,165	
제6현장	151.7	-1.047	1,020	

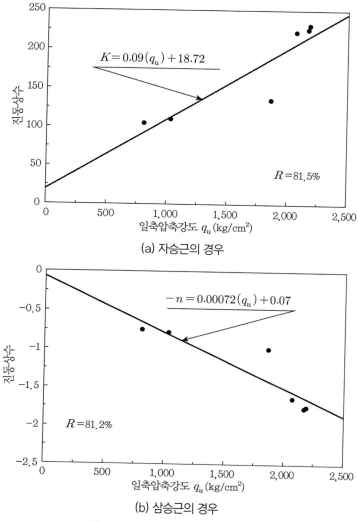

그림 5.7 일축압축강도와 진동상수의 관계

그림 5.7(a)는 김쇄지수 n이 자승근인 경우 일축압축강도와 진동상수의 관계를 도시한 도면이며, 회기분석으로 직선식을 구하면 진동상수 K는 식 (5.25)와 같이 구해진다. 즉, 식 (5.25)에서 보는 바와 같이 진동상수 K는 일축압축강도(q_u)에 선형적으로 비례함을 알 수 있다.

$$K = 0.09(q_u) + 18.72 \quad (R = 81.5\%) \tag{5.25}$$

한편 그림 5.7(b)는 감쇄지수 n과 지반강도(q_u)와의 관계도이다. 이 그림에 의하면 감쇄지수 n도 지반강도(q_u)에 식 (5.26)와 같이 선형적으로 비례하는 것으로 나타났으나 비례식이 10^{-3} 개념으로 일축압축강도(q_u)와의 연관성은 크지 않은 것으로 판단된다.

$$-n = 0.000718(q_u) + 0.07 \ \ (R = 81.2\%)$$ (5.26)

5.5 진동상수와 차원해석

국내외의 연구 실적에 의하면 자승근 환산거리와 삼승근 환상거리 중 어느 것을 사용해도 무방하다고 보나[3] 이 책에서는 진동식을 거리별로 차원해석을 달리해서 새로운 결과 도출을 시도하였다.[4]

즉, 표 5.5에서는 측정거리를 6~30m, 31~100m, 101~150m로 각각 분리한 경우의 적합도와 6~150m 사이 전체거리의 적합도를 비교하였다.

표 5.5에서 30m 이하의 거리일 때의 적합도를 비교하면 $b = 1/2$일 때가 $b = 1/3$일 때보다 적합도가 약간 높으며, 31~100m 사이에서는 $b = 1/3$일 때의 적합도가 $b = 1/2$일 때보다 13% 이상 높은 것으로 조사되었다.

표 5.5 거리별 진동식의 적합도(%)[4]

거리(m)	$b = 1/2$	$b = 1/3$	비고
6~150	93.5	93.4	전체 거리
6~30	92.7	89.8	
31~100	80.0	93.4	
101~150	71.6	76.4	

또한 101m 이상에서는 적합도가 현저히 떨어지는 것을 알 수 있다. 따라서 100m 이상의 거리에서 측정된 자료는 본 조사에서 유도된 진동일반식 식 (5.22)와 (5.23)의 신뢰도 측면에서 다소 부합되지 못하는 측면이 있는 것으로 보인다.

결론적으로 본 조사 결과 유도된 진동일반식은 30m 이하의 거리에서는 $b = 1/2$와 $b = 1/3$ 모두를 사용하여도 무리 없으나 30m 이상의 거리에서는 $b = 1/3$을 사용하는 것이 더욱 신뢰성이 있다고 볼 수 있다.

| 참고문헌 |

1) (주)대우엔지니어링 기술연구소(1989), '건설진동의 영향평가 및 대책에 관한 연구(II)', pp.15-22; 29-36; 61.

2) 서울시 지하철 건설본부, 지하철 5호선 설계시방서.

3) 양순식(1984), 발파진동학, 구미서관, pp.6-8; 10; 28-31.

4) 엄영진(1994), '암 발파 진동상수에 영향을 미치는 요소에 대한 연구', 중앙대학교 건설대학원, 공학석사학위논문.

5) 이윤식(1992), '고잔지구 택지개발공사 암반발파의 진동계측', 한국건설기술연구소.

6) 전인식(1993), 건설부 표준 품셈, 건설연구원, p.99.

7) 정철호·정상문(1992), '택지 조성에서의 암 발파 진동저감 방안 연구', 대한주택공사, pp.15-17.

8) *Ibid*, pp.23-27.

9) *Ibid*, p.57.

10) 총포화약 안전기술협회(1992), 영광 원자력 4호기 주설비 시험 발파공사 보고서.

11) 한국통신(1993), NATM통신구 설계 및 시공기준.

12) *Ibid*.

13) Ash, R.L.(1967), "Field Condition and Their Relationship to Blasting Design", Proc., 28th Annual University of Minnesota Mining Symposium, St. Paul, MN.

14) Du Pont(1977), *Blasters Handbook*, Technical Services Division, E.I. Du Pont, Wilmington Del., p.494.

15) Goodman, R.E.(1980), *Introduction to Rock Mechanics*, John Wiley & Sons, Inc., New York, p.178.

16) Leet, L.D.(1960), *Vibration from Rock Blasting*, Havard University Press, Cambridge, Mess., p.134.

17) Tompson, W.T.(1965), *Vibration Theory and Applications*, Prentice-Hall, Inc., Englwood Cliffs, N.J., pp.43-44.

쓰레기매립지의
지반공학적 특성

쓰레기매립지의 지반공학적 특성

6.1 개 요

산업발달과 대도시의 인구 집중으로 도시는 점점 과밀화되어 주거용지 및 도로용지의 수요가 점점 증가되고 있으나 도시주변에 있는 공학적 성질이 양호한 토지는 대부분이 개발이 이루어진 상태에서 용지 확보에 상당한 어려움이 있다.[39,40,53] 특히 수도권 주변에 대규모 신도시가 개발되면서 용지의 부족 현상은 더욱 심각해지고 있어 과거에 주로 도시 주변에 형성되었던 쓰레기매립지역을 활용하고자 하는 필요성이 점차 증대되고 있다.[13,34,38] 이러한 쓰레기매립지반을 도시생활공간으로 이용하고자 하는 노력의 일환으로 서울시에서는 1996년에 난지도 매립안정화공사가 추진되기 시작하였으며,[7,15] 1999년 8월 주 경기장이 건설되는 상암지역의 교통문제를 해소하기 위해 올림픽 주경기장과 강북강변도로 연결공사, 제2성산대교 건설공사가 난지도매립지상에 이루어지고 있다.[17]

난지도매립지에 투입된 쓰레기는 과거 쓰레기분리수거가 이루어지지 않았을 때 매립이 이루어져 구성성분은 생활쓰레기, 산업쓰레기 등 다양한 종류의 폐기물이 불균질하게 분포하고 있다.[20,27] 즉, 단기간에 부패되는 음식물, 종이류를 비롯하여 장기간에 걸쳐 부패되는 플라스틱, 섬유, 목재 등의 가연성 물질과 부패가 거의 되지 않는 토사, 유리, 철, 금속 등 불연성 물질, 가스를 포함한 수분 그리고 복토재 등 공학적 성질이 전혀 다른 재료가 섞여있는 복합재료이다.[23,28]

여러 가지 성분이 혼합된 쓰레기매립지상에 구조물을 설치하기 위해서는 매립지반의 지반공학적 특성(압밀특성, 전단특성, 다짐특성)뿐만 아니라 구성성분의 화학적 특성(부패, 분해속도)을 정확히 파악해야 한다.[29,30,33] 대부분의 쓰레기매립지는 유기물질이 다량으로 포함되어 있어 변형성(압축, 압밀)이 비교적 큰 반면에 전단강도가 상대적으로 작은 특성을 지니고 있다.[19] 이와 같이 공학적 성질이 불량한 매립지를 생활공간으로 활용하고자 하는 관심이 높아지면서 도시쓰레기의 침하특성, 강도특성, 매립사면의 안정해석[49] 등에 관한 연구가 진행되고 있다.[37]

제6장에서도 먼저 이러한 연구의 일환으로 1996년 9월 난지도매립안정화공사 및 강북강변도로 연결공사 시 실시되었던 지반조사 및 각종 시험 결과를 정확하게 정리·분석하여 난지도매립지의 지반특성을 규명하고자 한다.[22]

세계의 대부분 나라는 부족한 자원을 극대화하여 인류의 생활을 보다 풍요롭게 개선하는데 역점을 두고 발전해왔다. 그러나 국토면적이 협소한 우리나라는 환경에 대한 문제점을 인식하기 시작한 것이 비교적 늦어 1995년 1월에 「토양환경보존법」이 제정되면서부터라고 할 수 있다. 2002년 7월에 '지하수 보존 및 복원을 위한 종합대책'이 추진되었고 2002년 9월에 환경부에서 '토양환경보전 중장기 정책방향 및 대책'을 추진하는 등 환경문제는 국가사업으로 발전하게 되었다.[2]

우리나라에서 폐기물처리는 과거에는 단순투기에 의존하였으며, 2002년까지 전국에 걸쳐 1,170개의 매립장에서 실시되었고, 이 중 61개소만이 선별처리되어 투기되는 현재의 매립장을 이루게 되었다.[21] 최근 우리나라에서도 폐기물 증가에 따라 매립장의 규모가 대형화되면서 2002년부터는 「폐기물관리법」에 따라 관리하게 되었다. 특히 우리나라는 국토가 협소하여 계곡산간으로부터 점차 해안가로 매립장이 이동하는 경향을 보이고 있으며, 그 예를 수도권 매립지에서 볼 수 있다.[8-10]

폐기물 매립지는 연약지반상에 설치되는 경우가 많으며 지반공학적 차원에서 구조물의 안정해석 및 관리측면이 필요하다.[16,18] 또한 보다 환경친화적이고 쾌적한 생활공간으로 활용하기 위해 이를 고려한 지반개량이 필요하다. 그러나 매립지의 생화학적 특수성으로 인하여 단기간보다는 장기적인 자연침하를 유도하여 그 안정을 도모하는 것이 보다 유리하다. 따라서 폐기물 매립지에 대한 지반공학적 특성을 규명하여 장기적 관점에서 재활용 가능성을 판단하는 데 지반공학적 연구의 필요성이 크게 증가되고 있는 것이다.[22,49]

또한 우리나라는 일본, 영국 등과 같이 협소한 국토의 재활용 측면을 고려하여 생화학적 처리 기술의 도입 및 개발이 빠르게 진행하고 있다.[4,5] 특히 수도권은 인구 밀집지역으로 폐기물 발생량이 급속히 증가하여 대규모 매립지가 형성되었고 향후 매립지의 생활공간 활용 차원에서 그 관심이 높아지고 있는 상태이다.[8-11] 따라서 제6장의 첫 번째 목적은 1996년 9월 난지도매립 안정화 공사 시 제1매립지 및 제2매립지에서 실시된 각종 조사 및 시험 결과를 분석하여 폐기물매립지반의 지반특성을 규명하는 데 있다.[14,22]

제6장의 두 번째 목적은 장차 여러 목적으로 사용할 예정인 폐기물매립지의 침하거동을 수도권매립지를 대상으로 실측한 자료로 폐기물매립지의 침하거동을 규명함에 있다.[35,36] 폐기물매립지의 침하는 다른 성토체보다 침하량이 크며 장기간 발생하는 것이 특징이다.[3,6,12]

이에 6.2절에서는 우리나라 서울의 난지도 쓰레기매립지를 대상으로 안정화되어가고 있는 난지도매립지반의 지반특성을 파악하고 수도권 폐기물매립지의 침하거동을 파악하여 장기침 하량을 예측하고자 한다.[11]

난지도매립지에서 실시된 표준관입시험 및 콘관입시험을 실시하여 이들 시험 결과로부터 얻은 표준관입저항(n값) 및 콘관입저항(q_c값)을 이용하여 각 심도별 지반강도를 추정한다. 그 리고 표준관입시험 시 채취된 시료를 토대로 각 심도별 지층구성을 조사한다.[22]

지반조사 시 시추공과 시험굴에서 채취한 시료에 대하여 기본물성시험을 실시하여 매립 쓰레기의 입도분포, 함수비, 비중, 흙의 분류 등 물리적 특성을 분석한다.[18,19]

또한 채취된 시료에 대하여 실내시험 및 현장시험을 실시하여 매립쓰레기의 역학적 성질 을 분석한다. 즉, 직접전단시험, 삼축압축시험을 실시하여 쓰레기매립층의 강도특성 파악 및 강도정수를 산정한다. 그리고 실내다짐시험 및 현장밀도시험을 실시하여 다짐특성을, 실내 CBR 시험 및 평판재하시험을 실시하여 지지력을, 투수시험을 실시하여 쓰레기매립층의 투수 계수를 산정한다. 이러한 시험 결과를 토대로 난지도 쓰레기매립층의 종합적인 지반특성을 분석·고찰한다.[55]

세계의 대부분 나라는 부족한 자원을 극대화하여 인류의 생활을 보다 풍요롭게 개선하는 데 역점을 두고 발전해왔다.[41,42] 그러나 국토면적이 협소한 우리나라는 환경에 대한 문제점 을 인식하기 시작한 것이 비교적 늦어 1995년 1월에 「토양환경보존법」이 제정되면서부터라 고 할 수 있다. 2002년 7월에 '지하수보존 및 복원을 위한 종합대책'이 추진되고 2002년 9월에 환경부에서 '토양환경보전 중장기 정책방향 및 대책'을 추진하는 등 환경문제는 국가사업으 로 발전하게 되었다.[15]

폐기물매립지의 침하는 다른 성토체보다 침하량이 크며 장기간 발생하는 것이 특징이다.[45-48]

침하는 매립지를 설계하는 데 매립고와 단면을 결정하는 기초자료가 되고, 매립 중에는 매립지의 안전성을 판단하는 하나의 요소이며, 매립 후에는 친환경적인 생활공간을 조성하는 시기를 결정하는 중요한 지표가 된다.[43,44] 국외에서는 장기간에 걸친 매립지의 침하계측과 실내시험을 통해 매립지의 침하양상을 이론적으로 해석하고 그 나라의 폐기물 성상에 맞는 침하식을 도출하여 매립지의 장기침하를 예측하고 있지만,[50-52] 국내에서는 폐기물의 물리적 특성과 조성비, 매립 방법이 외국 매립지와 차이가 있음에도 불구하고 외국의 침하 모델들과 연구 데이터를 그대로 적용하고 있는 실정이다. 또한 아직 폐기물 매립장 침하에 대한 연구는 초기단계에 머무르고 있어 보다 적극적인 연구가 이루어져야 한다.[3,6,12,31]

본 서에서는 국내에서 유일하게 매립초기부터 매립 종료까지 침하계측이 실시되어온 수도권매립지 제1매립장의 침하계측자료를 활용하여 매립기간 중의 침하 양상에 대한 기존 연구와 매립 종료 후 계측자료를 활용하여 장래 발생하게 될 침하상태를 예측해보고자 한다.[11] 또한 각 시공단계와 단계별 침하특성도 고찰해보고자 한다. 그리고 이를 통하여 장기침하거동 및 예측모델을 개발하는 기초자료로 삼고자 한다.

6.2 난지도쓰레기매립지의 지반공학적 특성

이 절에서는 난지도에 매립된 쓰레기매립지반의 구성성분을 조사하여 물리·화학적 성분 분석과 시추공에서 채취된 시료에 대한 각종 실내시험을 실시하여 매립쓰레기의 물리·역학적 특성 조사로 크게 두 가지로 구분된다.[22]

우선 난지도 쓰레기매립지의 물리·화학적 특성을 조사자료를 수집·분석하여 이것을 활용한다. 이러한 조사자료를 토대로 하여 매립쓰레기의 물리·화학적 조성 성분, 매립쓰레기의 발열량 그리고 유기물 함유량 등을 분석한다.

또한 강변북로 연결도로 공사구간 중 난지도매립구간 통과지역의 합리적인 설계를 위해 물리·역학적 특성을 규명하는 데 있다.

이러한 목적으로 난지도쓰레기매립지를 제1매립지, 제2매립지, 강변북로 연결구간의 세 지역으로 구분하여 매립쓰레기의 물리적 조성 성분, 화학적 조성 성분 등을 조사한다.[22] 또한 각종 조사 시 채취한 시료에 대하여 실내시험 및 현장시험을 실시하여 물리적 특성 및 역학적 특성을 조사한다. 이러한 일련의 조사 및 시험으로부터 얻은 결과를 서로 비교·분석하여 매립 쓰레기층의 투수특성, 다짐특성, 강도특성, 지지력특성에 미치는 영향요인을 분석한다.

6.2.1 현장 개요

난지도매립지는 행정구역상 서울특별시 마포구 상암동 482번지 일원으로서 북서쪽은 경기도 고양군 화전읍과 접해 있으며 남서쪽은 한강고수부지와 연하여 자유로를 따라 인접해 있다.[3, 22]

이 지역은 그림 6.1의 위치도와 같이 서울특별시 북서외곽에 위치하여 한강변에 북측 강변도로, 매립지 양단에는 한강을 관통하는 성산대교와 가양대교가 있어 교통은 매우 편리하며, 향후 강서지역과 한강이북의 북측으로 연계되는 중요 교통지역이 될 전망이다.

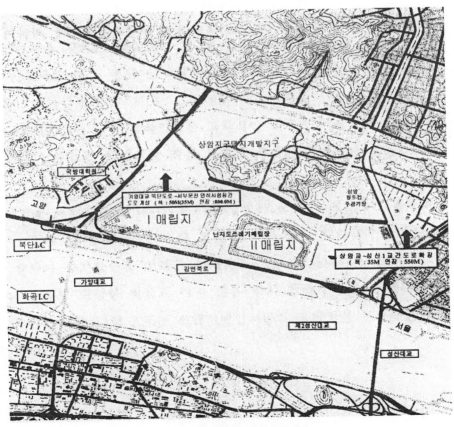

그림 6.1 난지도매립지 위치도[22]

난지도매립지는 폐기물 매립부지와 자유로 주변 및 한강고수부지 일대의 하류구배구간, 샛강주변 상암동 일대의 상류구배구간 및 하수슬러지 처분장과 그 주변부 일대 모두를 포함하고 있다. 난지도매립지는 1976년부터 쓰레기 반입이 시작되어 1993년 3월 말 폐쇄되었다. 난지도는 그림 6.1에 나타난 바와 같이 폐기물이 약 9,200만m³ 정도 매립되어 거대한 쓰레기 산을 형성하고 있으며, EL.94m의 제1매립지와 EL.98m의 제2매립지로 구분되어 운영되었다.

한편 상암택지개발지구 주변 및 강변북로 교통을 원활히 처리하기 위해 건설되는 강변북로 연결도로 지역은 난지도의 일부로 생활폐기물 등으로 두껍게 매립되어 있다. 표 6.1은 난지도매립지 현황을 나타낸 표이다.

표 6.1 매립지 현황[22]

구분		제1매립지	제2매립지	슬러지매립지	상암동	기타 지역	계
면적 (m²)	상면 사면부	341,000 740,000	180,000 522,000	43,700 58,500	364,800	437,000	
	계(평)	1,081,000 (327,000)	702,000 (312,400)	102,000 (30,900)	364,800 (110,000)	437,000 (132,200)	2,686,800 (812,800)
		56,376,000	34,779,000	817,000	-	-	91,972,000

* 1. 제1 및 제2매립지 사이의 공간은 제1매립지 면적에 포함
  2. 측량도(1/5,000) 기준으로 산정
  3. 용적은 평면매립 EL.14m) 이상을 기준으로 산정

난지도매립지에 매립된 폐기물 양은 서울시통계연보, 과학기술재단, 기본계획, 서울시환경관리실(청소사업본부) 등으로부터 자료에 발표되었으나 각 자료별로 약간의 차이를 보이고 있다.[7,22] 각 자료를 종합한 연도별 일반폐기물 및 기타폐기물 매립량은 표 6.2 및 표 6.3과 같다.

표 6.2 연도별 일반폐기물 매립량[22]　　　　　　　　　　　　　　　　　　　(단위: 차량적제 ton)

연도	매립량	연도	매립량	연도	매립량
78	2,732,341	83	6,475,711	88	7,540,868
79	3,604,855	84	6,996,525	89	7,605,326
80	5,640,384	85	8,502,445	90	7,869,486
81	7,363,657	86	7,216,219	91	8,238,036
82	7,143,252	87	7,508,121	92	6,687,711
계: 101,124,937					

표 6.3 연도별 기타 폐기물 매립량 (단위 : 중량톤)

연도	건설사토	하수 슬러지	일반산업폐기물	계
87	-	-	~912,498	
88	~10,750,321	93,178	118,454	
89	8,897,600	340,000	127,581	
90	8,676,525	347,691	123,611	
91	7,141,408	344,336	163,001	
92	7,545,146	236,795	82,855	
계	43,011,000	1,362,000	1,528,000	45,901,000

6.2.2 매립층의 지반강도

그림 6.2는 쓰레기매립층의 강도를 알아보기 위해 매립층의 심도에 따른 표준관입시험으로부터 얻은 N치의 분포를 나타낸 것이다. 이 그림에서 지반의 N치는 분산도는 크게 나타나고 있으나 심도가 깊어질수록 지반의 강도는 증가하는 경향을 보이고 있다.

이와 같이 지반의 매립층의 심도가 깊어질수록 지반의 강도가 증가하는 것은 본 쓰레기매립이 약 20년 정도에 걸쳐서 이루어졌다. 먼저 매립된 심층부의 매립층은 상부의 토피하중의 증가로 인해 오랜 기간 압밀이 진행되어 지반의 유효응력이 증가하였기 때문이라 판단된다.

그러나 N치의 분산도가 크고 지표면에서 심층부까지 N치가 50 이상으로 일정하게 분포하고 있는 것은 쓰레기매립과 복토가 반복적으로 진행되면서 차량운행에 따른 다짐효과 및 매립성분의 일부가 돌, 도자기, 철금속 등 단단하고 부패가 되기 어려운 물질들이 불규칙하게 혼합되어 있기 때문이라 판단된다.

도로부지 역시 그림 6.2(c)에서 보는 바와 같이 N치는 몇몇의 경우를 제외하고는 깊이에 따라 증가하는 경향을 보이고 있다.

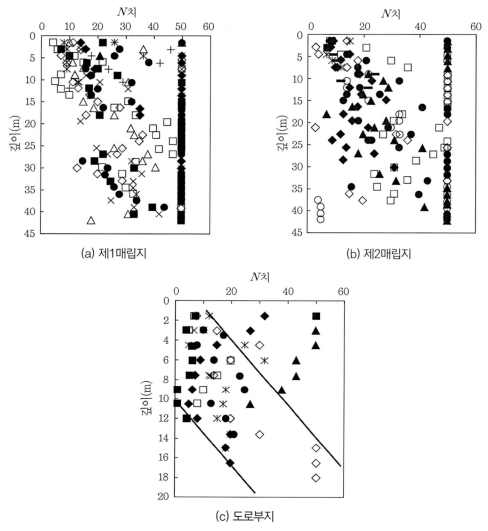

그림 6.2 매립층의 심도에 따른 N치의 분포(황성덕, 1999)[22]

한편 그림 6.3은 쓰레기매립층의 심도에 따른 콘관입저항치의 분포를 나타낸 것이다. 그림 6.2의 표준관입시험 결과에서 나타난 바와 같이 콘관입저항값도 N치와 마찬가지로 분산도는 상당히 크나 깊이에 따라 증가하는 경향을 보이고 있다.

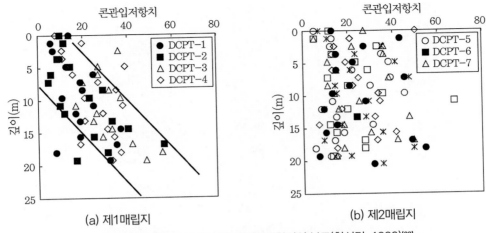

(a) 제1매립지　　　　　　　　(b) 제2매립지

그림 6.3 매립층의 심도에 따른 콘관입저항치의 분포(황성덕, 1999)[22]

6.2.3 매립층의 투수특성

매립층의 투수계수는 가는 모래 혹은 느슨한 실트층의 투수계수와 비슷한 10^{-3}cm/sec 정도의 범위에 분포하고 있어 투수성은 상당히 양호함을 알 수 있다.

한편 그림 6.4는 매립심도별 투수특성을 알아보기 위해 심도별 투수계수 분포를 도시한 것이다. 이 그림에서 매립토의 투수계수는 매립깊이가 깊을수록 작아지는 경향을 보이고 있다.

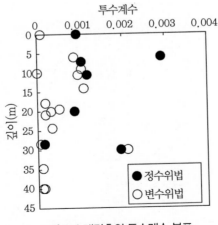

그림 6.4 매립층의 투수계수 분포

이는 심도가 깊을수록 상재하중에 의한 압밀침하 및 다짐 영향이 커 매립토의 간극비가 감소하였기 때문이다.

6.2.4 매립층의 다짐특성

매립층의 다짐특성을 조사하기 위해 현장들밀도시험 및 실내표준다짐시험을 실시하였다. 그림 6.5는 매립지의 단위중량과 원지반의 자연함수비와의 관계를 도시한 그림이다. 그림 6.5에 나타난 바와 같이 매립지 내에 매립된 폐기물의 성분이 여러 종류이고 비균질하기 때문에 매립층의 단위중량의 분포 및 분산 정도는 매우 크게 나타나고 있으나 단위중량은 원지반의 자연함수비가 증가할수록 감소하는 경향을 보이고 있다.

한편 그림 6.6은 시험굴 조사 시 채취된 시료에 대해 실내다짐시험에서 실시하여 얻은 최대건조단위중량과 최적함수비와의 관계를 나타낸 것이다. 이 그림에서 쓰레기매립토의 최대건조밀도는 최적함수비가 증가할수록 감소하는 경향을 보이고 있어 일반토사와 유사한 특성을 보이고 있다. 이는 매립층의 구성성분가운데 토사가 차지하는 비율이 크기 때문이라고 판단된다.

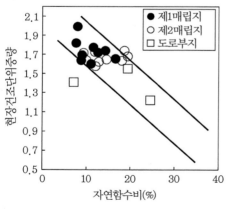 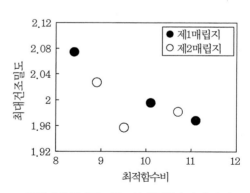

그림 6.5 단위중량과 자연함수비와의 관계   **그림 6.6** 최대건조밀도와 최적함수비의 관계

한편 그림 6.7은 실내다짐에서 얻는 최대건조밀도와 현장건조밀도와의 관계를, 그림 6.8은 최대건조밀도와 CBR과의 관계를 나타낸 것이다.

이 그림에서 매립토의 최대건조단위중량은 현장의 단위중량과 지지력에 비례하여 증가하는 것으로 나타나고 있다. 상대다짐도(R)는 약 85% 정도로 비교적 작게 나타나고 있다.

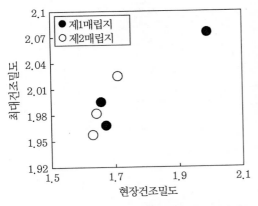

그림 6.7 최대건조밀도와 현장건조밀도의 관계

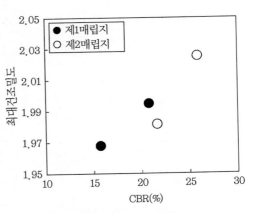

그림 6.8 최대건조밀도와 CBR과의 관계

6.2.5 매립층의 전단특성

매립쓰레기토의 강도정수를 직접전단시험, 대형전단시험, 삼축압축시험을 실시하여 비교·검토하였다.

그림 6.9는 대형 및 소형 직접전단시험, 삼축압축시험 결과로부터 얻은 점착력 c와 내부마찰각 ϕ를 비교하여 도시한 그림이다. 그림 6.9로부터 시험 방법에 따라 점착력 및 내부마찰각에 차이가 있다는 것을 알 수 있다.

즉, 대형 직접전단실험에서 얻은 점착력이 소형 직접전단시험이 점착력보다 약 1.5~2배 정도 크게 나타나고 있다. 반면 내부마찰각은 소형 직접전단시험에서 작게 나타나고 있으나 점착력처럼 큰 차이는 보이지 않고 있다. 이와 같이 점착력의 크기가 크게 다른 것은 소형 직접전단시험 시 조립토가 시료 속에 섞여있어 전단 시에는 저항을 발휘하여 작은 수직하중에서도 큰 전단강도를 나타내기 때문이라 판단된다. 이상의 시험 결과로부터 매립토의 강도정수는 세립분이 약간 섞인 느슨 내지 중간 정도의 모래에 해당됨을 알 수 있다.

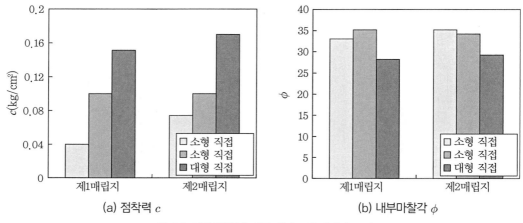

(a) 점착력 c (b) 내부마찰각 ϕ

그림 6.9 시험 방법에 따른 매립토의 전단강도 비교

6.2.6 매립층의 변형특성

매립토사의 압밀배수 삼축압축시험 결과로부터 초기탄성계수 K와 n계수를 구하여 매립지에 대한 변형특성을 조사하면 다음과 같다.

(1) 초기탄성계수

Kondner(1963)는 점토 및 모래의 비선형 응력 – 변형률 거동을 쌍곡선으로 근사시킬 수 있음을 제시하였다. 또한 Duncan & Chang(1970)은 이 모델을 발전시켜 유한요소 해석법에 의한 지반변형에 활용한 바 있다.

본 절에서는 삼축시험에서 얻어진 결과를 이용하여 축변형률과 축차응력의 관계를 Kondner의 쌍곡선 모델에 적용시켜 초기탄성계수를 구하여 정리하면 표 6.4와 같다.

표 6.4 매립지의 초기탄성계수

	시료번호	구속압(kg/cm^2)		
		1.5	1.0	0.5
초기탄성계수 (kg/cm^2)	bh1	256	196	164
	bh2	204	149	133
	bh3	244	164	154
	bh4	222	159	149
	평균	232	167	150

Kondner의 쌍곡선 모델에 적용시켜 초기탄성계수를 구하기 위해 횡축에는 축변형률(ϵ_1)을, 종축에는 축변형률을 축차응력으로 나눈 값($\epsilon_1/(\sigma_1 - \sigma_3)$)으로 하여 그래프를 도시하였다.

표 6.4로부터 각 시추공에서의 초기탄성계수는 구속압에 따라 증가하는 것을 알 수 있다. 표 6.4의 평균치를 예로 들어 살펴보면, 구속압이 0.5, 1.0, 1.5g/cm²일 경우 초기탄성계수의 평균치는 각각 150, 167, 232g/cm²이다.

(2) K, n계수

Kondner의 경험식 $E_i = KP_a(\sigma_3/P_a)^n$에 의하여 매립지에서 채취한 4개의 시료에 대한 K, n값을 구하려 정리하면 표 6.5와 같다. K값은 구속응력(σ_3)이 대기압(P_a)과 같을 때의 초기탄성계수값으로 구할 수 있다. 일반적으로 암이나 모래 등의 조립토일수록 K값은 크고 점성토 등의 세립토일수록 작다.

매립지의 여러 가지 시추공에서의 초기탄성계수와 구속압과의 관계를 종합적으로 정리하면 표 6.5에서 보는 바와 같이 평균적으로 $K = 113.3$, $n = 0.42$의 값을 얻을 수 있다.

표 6.5 각 시추공에 대한 K, n계수

계수	시추공				평균
	bh1	bh2	bh3	bh4	
K	116.8	103.9	115.5	116.8	113.3
n	0.39	0.43	0.46	0.39	0.42

6.3 수도권 매립지의 침하거동

폐기물매립지의 침하는 다른 성토체보다 침하량이 크며 장기간 발생하는 것이 특징이다. 침하는 매립지를 설계하는 데 매립고와 단면을 결정하는 기초자료가 되고, 매립 중에는 매립지의 안전성을 판단하는 하나의 요소이며 매립 후에는 친환경적인 생활공간을 조성하는 시기를 결정하는 중요한 지표가 된다. 국외에서는 장기간에 걸친 매립지의 침하계측과 실내시험을 통해 매립지의 침하양상을 이론적으로 해석하고 그 나라의 폐기물 성상에 맞는 침하식을 도출하여 매립지의 장기침하를 예측하고 있다. 그러나 국내에서는 폐기물의 물리적 특성

과 조성비, 매립 방법이 외국 매립지와 차이가 있음에도 불구하고 외국의 침하 모델들의 연구 데이터를 그대로 적용하고 있는 실정이다. 또한 아직 폐기물 매립장 침하에 대한 연구는 초기 단계에 머무르고 있어 보다 적극적인 연구가 이루어져야 한다.[8-10]

이 절에서는 국내에서 유일하게 매립 초기부터 매립 종료 시까지 침하계측이 실시되어온 수도권매립지 제1매립장의 침하계측자료를 활용하여 매립기간 중의 침하양상에 대한 기존 연구와 매립 종료 후 계측자료를 활용하여 장래에 발생할 침하상태를 예측해보고자 한다.[8-10] 또한 각 시공단계별 침하특성도 고찰해보고자 한다.

6.3.1 매립지 현황 및 계측

수도권매립지(제1매립장)는 행정구역상 인천광역시 서구 백석동 일원으로 서해와 접해있 으며 남측으로 신공항 고속도로와 근접해 있다.[11] 본 지역은 한반도 특유의 노년기 구릉성 지형을 이루고 있고, 방조제 건립과 함께 제4기 해성퇴적물이 넓게 노출되어 있고, 매립지 원 지반 표고는 EL.3.0m 내외로 주변 현황은 그림 6.10과 같다.[8-10]

산계는 수인산(146.6m), 학운산(112m), 팔봉산, 기현산(215m), 계양산(392m), 철마산, 북망 산(102m) 등에 둘러싸여 있으며, 매립장을 중심으로 동북동 방향으로 타원형을 형성하고 있 다. 수계는 외곽 산지에서 발원하여 안쪽의 평야나 구릉지로 흐르는 방사상 형태를 보이며, 시천천과 양촌천 하류 하천의 발달은 화강암체와 같은 풍화에 약한 부분이나 하천의 지질구 조선과 일치하거나 평행하게 발달되어 있다. 간사지에서 나타나는 연근도 상류지형의 영향을 받아 자연상으로는 수지상수계를 이루고 있으나 오래전에 간척된 곳에는 인공적으로 형성된 관계수로도 다수 분포되어 있다.

수도권 매립지의 총괄규모는 표 6.6에 정리된 바와 같이 연약지반상에 매립지를 축조하여 2010년까지는 제1매립지와 제2매립지를 사용하여 236만 평에 1억 2,700만 톤의 폐기물을 매 립하고, 2010년 이후에는 제3매립지와 제4매립지를 사용하여 182만 평에 1억 100만 톤의 폐 기물을 매립한다. 반입된 폐기물은 그림 6.11에 도시한 바와 같이 각 단별 5m 단위로 매립되 었으며 최종매립은 총 8단으로 하여 매립고는 40m로 하였다.

당초 설계에 의하면 매립지 하부의 연약층을 포함한 해성 점토층을 자연차수층 역할을 할 수 있을 정도의 불투수성을 가진 것으로 가정하여 별도의 인공 차수시설을 설치하지 않았으며, 일일 복토 0.15~0.2m, 쓰레기매립층 매 5m마다 중간 복토 0.5m로 설계되었다.

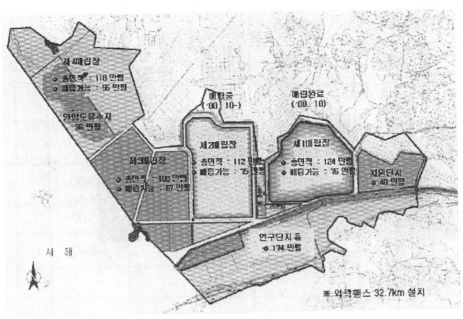

그림 6.10 수도권 매립지 형황도[11]

표 6.6 수도권 매립지 총괄규모[11]

구분	매립 기간	부지(만 평)	매립(만 평)	용량(만 톤)	비고
총계	1992~2022(30년간)	628	273	22,800	
제1매립장	1992.02.~2000.09.	124	76	6,400	
제2매립장	2000.10.~2010.09.	112	75	6,300	
제3매립장	2010년 이후 매립	100	67	5,500	
제4매립장		82	55	4,600	
연구단지, 안암도 유수지 등	-	210	-	-	

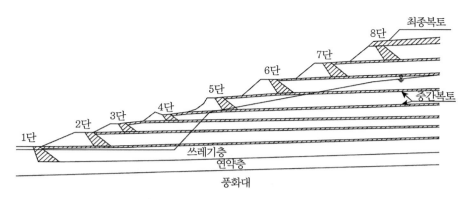

그림 6.11 최종 매립계획 단면도[11]

6.3.2 매립기간 중 침하 거동

수도권매립지 제1매립장 각 단의 블록 및 제방부에 설치된 약 180개의 침하판으로 측정한 계측자료의 분석을 통해 얻어진 침하특성은 그림 6.12와 같다.

즉, 매립기간 중 설치된 7개 내부 블록의 단별 침하판으로 측정된 측정시점에서의 최상단 침하판의 침하값에 원지반 침하값을 뺀 순수 폐기물층 압측량을 산정하여 폐기물층의 누적 압축량을 경과시간에 대한 그래프로 나타내면 그림 6.12와 같다.

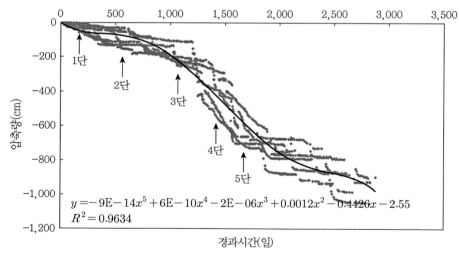

$$y = -9\mathrm{E}-14x^5 + 6\mathrm{E}-10x^4 - 2\mathrm{E}-06x^3 + 0.0012x^2 - 0.4426x - 2.55$$
$$R^2 = 0.9634$$

그림 6.12 매립기간 중 폐기물층의 아축량 경시 변화(1~7단)[11]

그림 6.12에서 보듯이 압축량은 4단과 5단 폐기물층이 매립되는 기간 동안은 폐기물층의 침하기울기가 커지는 것을 알 수 있는데, 이는 상재하중에 따른 역학적 압축이 지속적인 하중 증가로 인해 한계하중에 도달되면 하부층으로부터 연속적으로 폐기물층 내부에서 파괴가 일어나 침하를 증가시키고 하단 폐기물층의 생물학적 부패로 인한 압축이 본격화되면서 기울기가 증가된 것으로 판단된다.

한편 매립 후 침하양상을 살펴보면 매립 종료 후 최상단(8단) 상부침하는 매립 직후 8단 매립고의 13.7~16.6% 범위 내에서 즉시침하가 발생하였다.

이는 하부 7단 매립층에서 조사된 즉시침하율보다 0.7% 정도가 증가한 것으로 8단 매립층이 상대적으로 두꺼웠기 때문인 것으로 판단된다.

침하는 점차 둔화되는 1차 침하가 발생하며 이후 일정한 기울기로 침하가 발생하는데, 이것을 2차 침하라 한다.

이 2차 침하 양상은 통상 매립 후 2개월 정도의 기간 내에 1차 침하에서 전이되며 잔류 역학적 침하와 부패하기 쉬운 유기물분해에 의한 침하가 주요인이 되는 중간단계와 생물학적 부패침하가 주도하는 장기적 침하단계로 구분된다. 시간에 대한 침하율의 그래프로 나타내면 단계별 침하기울기의 차이를 구분할 수 있다.

그러나 그래프는 직선형태가 아닌 곡선 형태로 정확한 기울기를 나타낼 수 없지만, 압축률-대수시간에 대한 2차 압축지수를 외곽부 3, 4단 제방하부에 설치된 총 21개의 침하판을 대상으로 측정하여 분석된 결과를 통해 나타내면 그림 6.13과 같다.

3, 4단 외곽제방 하부의 침하자료를 분석한 결과 중간단계 및 장기적 2차 압축계수 $C_{a\min}$와 $C_{a\max}$값은 각각 0.03과 0.14 정도로 나타났다.

매립 종료 후 최상단 침하값을 침하율-대수시간의 도면으로 나타내어 검토한 결과 현재 상태는 중간단계의 2차 압밀의 진행단계이거나 중간단계를 지나 장기적 부패침하 단계로 전이되는 시기로 판단된다. 중간단계의 2차 압축계수($C_{a\min}$)값은 그림 6.14와 같이 0.009 정도로 3단과 4단 제방부의 침하와 상당한 차이를 보였다. 그 이유는 폐기물 매립층 8단 상부는 압밀하중으로 복토층 50cm의 하중이 작용하고 3단과 4단 제방부는 6~7m 흙제방의 하중이 작용하기 때문에 중간단계의 2차 압축계수($C_{a\min}$)의 차이가 발생된 것으로 판단된다.

또한 초기 즉시침하와 1차 침하는 40~60일 사이에 대부분 완료되었고, 침하가 안정화되는 초기(중간)단계의 2차 침하는 최종단(8단)의 매립고에 가장 많은(약 60% 이상) 영향을 받으며, 7단 매립층의 매립고와 매립시기에 다음 순으로 영향을 받는 것으로 분석되었다. 7단 매립이 완료된 후 매립단의 평균매립주기보다 휴지기간이 길었던 매립 블록은 8단 매립층 하부의 침하 영향을 상대적으로 적게 받으며 매립 완료 후 즉시침하를 제외한 상부에 경과시간(일)에 따른 침하압축(cm) 그래프를 도시하면 직선 형태로 평균압축비가 0.35로 나타났다.

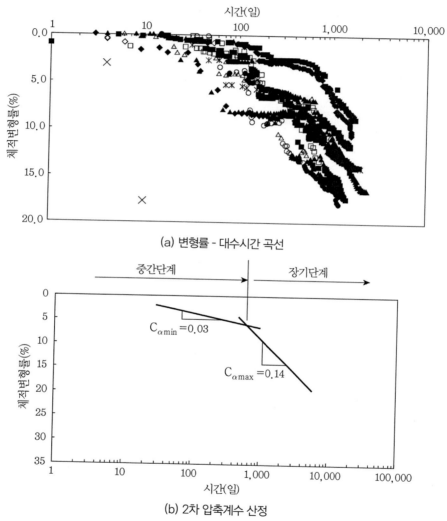

(a) 변형률 - 대수시간 곡선

(b) 2차 압축계수 산정

그림 6.13 3, 4단 외곽제방의 2차 압축지수

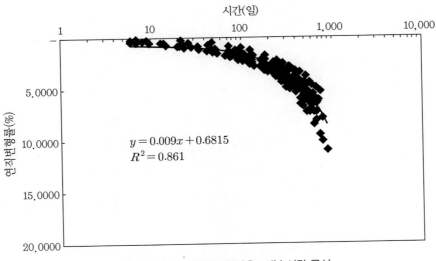

그림 6.14 8단 최상단 침하율 - 대수시간 곡선

그래프 내 수식:
$$y = 0.009x + 0.6815$$
$$R^2 = 0.861$$

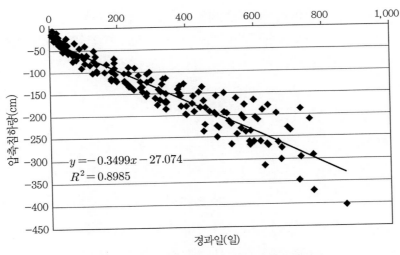

그림 6.15 8단 최상부 경과시간에 따른 압축침하량

그래프 내 수식:
$$y = -0.3499x - 27.074$$
$$R^2 = 0.8985$$

  매립지의 침하양상이 초기의 2차 침하단계로부터 장기적인 2차 침하단계로 전이되는 시기는 매립된 쓰레기의 조성, 분해조건 등에 따라 상이하게 나타나며, Bjangard는 국외 매립지의 경우에 100~4,000일 정도로 매우 큰 시간차를 갖는다고 보고하였다.[24,25] 수도권 제1매립장의 경우 약 100~800일 정도의 범위에서 중간단계로부터 장기적인 2차 침하단계로 전이되는 것으로 나타났으며, 제방부에서는 대부분 100~700일 사이에서 전이되었으나 실제 8단 상

부에서는 약 200~800일 사이에서 전이되는 경향을 보이고 있다.

외국 매립지의 경우보다 작은 범위의 시간차를 갖는데, 이는 매립된 쓰레기의 조성, 분해 조건 등이 침출수의 배수조건 차이 때문일 것으로 예상된다.

매립지 원바닥이 점토지반이므로 매립기간 중에는 상당한 침하가 발생하여 폐기물층의 순수한 침하량을 분석하기 위해 모든 침하자료에 원지반 침하량값을 감한 수치로 검토되었으나 매립이 종료된 2001년 2월 시점에서 원지반 압밀도를 Terzaghi 압밀이론(전 블록체적압축계수의 평균값을 사용한 m_v법 및 평균압축지수를 적용한 C_c법)과 쌍곡선법으로 분석한 결과 전 블록에 걸쳐 압밀도가 95% 이상이며 실제 침하도 거의 없어 차후 예측에서는 고려하지 않았다.

6.3.3 장기침하량 예측

폐기물 매립지반의 신뢰성 있는 장기침하량을 예측하기 위해서 여러 침하 모델식이 제안되었다. 이들 중 이 책에서는 수도권 제1매립장의 침하 자료들에 대하여 2003년 12월 22일 기준 Yen & Scanlon(1975)[54]의 회귀분석은 5, 10, 15년 후의 장기 침하량을 예측하였고, 쌍곡선 모델, Gibson & Lo 모델 및 파워 크리프 법칙(power creep law) 모델은 향후 15년 후의 장기침하 특성을 예측하였다.

한편 박현일 등[16]에 의해 외국 폐기물 매립지의 기존 침하자료를 토대로 신선 쓰레기매립지의 침하자료를 분석한 결과 일반적으로 쓰레기매립지의 침하는 발생된 지 10년 이내에 거의 90% 정도에 이르는 침하가 발생되는 것으로 예측되었다. 따라서 지반공학적 측면에서 침하에 미치는 분해는 대략 15년을 전후해서 완료되는 것으로 사료되며, 이 책에서는 장기침하 발생기간을 15년을 적용하여 수도권 제1매립장의 장기침하를 예측하였다.

(1) Yen & Scanlon 모델 적용 시 장기침하량 예측

Yen & Scanlon(1975)에 의해 제안된 모델[54]을 수도권 매립지에 399일 경과한 후 2003년도 현장의 침하량을 반영한 값을 적용시켜 수도권 폐기물 매립지의 장래 압축량을 다음과 같이 예측하였다.

① Yen & Scanlon(1975)의 기본 모델

Yen & Scanlon(1975)은 쓰레기매립지반의 침하율을 측정하기 위해 미국 캘리포니아의 매립고 10~40m 범위인 3개의 매립지를 대상으로 매립이 완료된 후 9년 동안 매립지반의 침하량을 측정하여 그 계측 결과를 분석하였으며, 이를 토대로 매립지반의 침하율을 산정할 수 있는 관계식을 다음과 같이 제시하였다.

$$m = a - b.\log(t_m) \qquad (6.1)$$

여기서, 침하율 t_m은 측정경과시간에 대한 측정 높이 변화의 비로 정의된다.

t_m는 침하율 해석에서 매립기간을 고려하기 위해 도입된 매립 중간 시기라고 할 수 있는 수정기간이며, 다음과 같이 정의된다.

$$t_m = t - \frac{t_c}{2} \qquad (6.2)$$

여기서, t_m =매립의 중간 시기

t_c =매립 기간

t =매립 초기부터 매립이 진행되고 있는 시점까지의 총 경과시간

또한 식 (6.1)의 a와 b는 양의 값을 갖는 침하율 매개변수로 그림 6.16에 나타냈다.[11] 그림에서와 같이 a와 b는 매립고(H)와 선형적인 관계가 있으나 매립기간 t_c와는 관계가 없는 것으로 나타났다. 이는 이미 Yen & Scanlon(1975)이 제시한 바와 같이 침하율에는 매립 칼럼의 중간 시기 t_m의 항에 매립기간의 영향이 고려되었기 때문이다. 그림 6.16에서 매개변수 a, b와 매립고와의 관계를 도시한 그림이다. 이에 대해서는 수도권 매립지 사례를 통하여 설명할 예정이다.

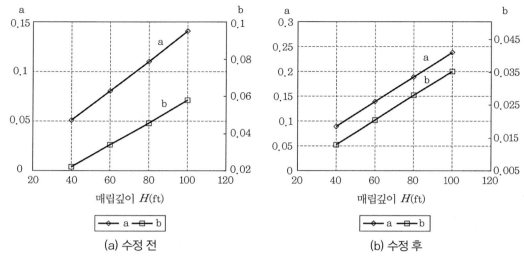

그림 6.16 침하율 매개변수 a와 b

② 수도권 매립지에 적용한 경우

Yen & Scanlon(1975)은 폐기물 매립지반의 침하율을 측정하기 위해 매립고 10~40m 범위인 3개의 매립지를 대상으로 매립이 완료된 후 9년 동안 매립지반의 침하량을 측정하여 그 계측 결과를 분석하고 이를 토대고 매립지반의 침하율을 산정하였다. 그러나 현재 수도권 매립지에 매립되고 있는 폐기물의 종류가 다를 뿐만 아니라 매립고가 50.72m로 Yen & Scanlon (1975)이 선택한 모델과는 차이가 있으므로 그에 적절한 값의 재산정이 필요하다고 판단된다. 이경두(2004)는 현장의 침하량을 가장 잘 나타내는 값으로 재산정하여 적용하여 표 6.7과 같고 매개변수 a, b는 그림 6.17 및 식 (6.3)과 같이 제시하였다.[11]

$$a = 0.0025 - 0.0093 \,(\text{ft/개월}) \tag{6.3a}$$

$$b = 0.00037H - 0.0019 \,(\text{ft/개월}) \tag{6.3b}$$

표 6.7 침하율 매개변수 산정[11]

구분	매개변수	수정 전(ft/개월)	수정 후(ft/개월)	비고
침하율 매개변수	a	$a = 0.0015H\text{-}0.0093$	$a = 0.0025H\text{-}0.0093$	
	b	$b = 0.0006H\text{-}0.0019$	$b = 0.00037H\text{-}0.0019$	

그림 6.17의 Yen과 Scanlon(1975) 방법에 의한 예상침하량을 예측한 결과는 현재 침하 경향이 반영된 것으로써 향후 계측에 따른 분석을 통하여 계속적으로 오차를 최소화하여 장기 침하를 예측해야 한다.

현장 상황에 맞게 침하율 매개변수를 재산정하여 분석한 결과 표 6.8에서 보는 바와 같이 5년 후는 243.3cm, 10년 후는 717.5cm, 15년은 향후 1172.0cm 정도의 침하가 더 발생할 것으로 사료된다.[11]

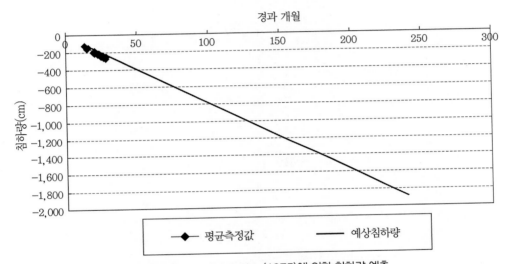

그림 6.17 Yen & Scanlon(1975)에 의한 침하량 예측

표 6.8 Yen & Scanlon 방법에 의해 예측된 장기침하량[11]

경과일	누적침하량(cm)	기존침하량(cm)	잔여침하량(cm)
5년 후	507.1	263.8	243.3
10년 후	981.3	263.8	717.5
15년 후	1435.8	263.8	1172.0

(2) 회귀분석에 의한 침하량 예측

회귀분석에 의한 침하량 예측은 매립 초기단계에서부터 2003년 12월 22일까지 기준 3797일(10.4년) 동안의 현장 평균 계측값을 이용하여 향후 5, 10, 15년 후의 침하량을 예측하였다.

그림 6.18을 보면 예측곡선은 침하계측기간 동안은 침하 자료와 잘 일치되는 경향을 볼

수 있으나 좀 더 정확한 예측을 하기 위해서는 안정화 공사가 끝나는 1년 후에 예측을 하는 것이 정확할 것으로 판단된다.

회귀분석을 통해 얻은 결과는 표 6.9에서 보는 바와 같이 5년 후는 425cm, 10년 후는 721.2cm, 15년 후는 향후 952.2cm 정도의 침하가 더 발생할 것으로 사료된다.

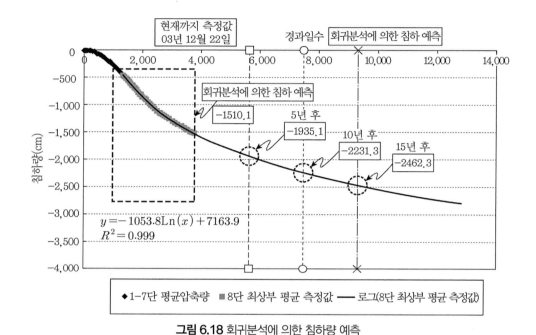

그림 6.18 회귀분석에 의한 침하량 예측

표 6.9 회귀분석에 의해 예측된 장기침하량

경과일	누적침하량(cm)	기존침하량(cm)	잔여침하량(cm)
5년 후	1935.1	1510.1	425.0
10년 후	2231.3	1510.1	721.2
15년 후	2462.3	1510.1	952.2

(3) 쌍곡선 모델 적용 시 장기침하량 예측

쌍곡선 모델은 연약지반 성토 시 침하량 산정에 주로 사용된 예측 방법으로써 허(Heo) 등이 쓰레기매립지의 장기 침하예측에 처음 적용하였으며, 본 현장에서의 장기 침하 예측은 2003년 12월 22일까지 기준 15년 후의 침하량을 예측하였다

수도권 제1매립장의 장기적인 침하예측 결과 8단 상부 쌍곡선 모델의 경우 839.8~1363.9cm (평균 1,084cm) 정도의 값으로 예측되었으며, 향후 643cm 정도의 침하가 더 발생할 것으로 사료된다.

표 6.10 쌍곡선 모델에 의해 예측된 장기침하량(cm)

구분	B블록	C블록	D블록	E블록	G블록	H블록	I블록	J블록	K블록	L블록	M블록	평균
기존침하	443.8	452.7	362.3	364.5	479.1	368.2	481.4	448.1	416.5	423.3	611.1	441.0
누적침하	1094.0	1000.3	839.8	970.6	1236.3	994.3	1265.9	1139.5	1023.5	995.7	1363.9	1084.0
잔여침하	650.2	547.6	477.5	606.1	757.2	626.1	784.5	694.4	650.2	547.6	477.5	606.1

(4) Gibson & Lo 모델 적용 시 장기침하량 예측

Gibson & Lo 모델은 주로 지반의 2차압축 거동을 모델하기 위해 제안된 방법으로 이토 (peat) 등과 같은 유기물이 함유된 지반의 침하량을 예측하는 데 적합한 모델로서 유동학적 모델로부터 시간에 따른 침하량을 구할 수 있다. 본 현장에서의 장기침하량 예측은 2003년 12월 22일까지 기준 15년 후의 침하량을 예측하였다.

수도권 제1매립장의 장기적인 침하예측 결과 8단 상부 Gibson & Lo 모델의 경우 808.8~ 1315.7cm(평균 1028.4cm) 정도의 값으로 예측되었으며, 향후 587.4cm 정도의 침하가 더 발생할 것으로 사료된다. Gibson & Lo 모델을 이용하여 구한 예측침하량은 표 6.11과 같다.

표 6.11 Gibson & Lo 모델에 의해 예측된 장기침하량

구분	B블록	C블록	D블록	E블록	G블록	H블록	I블록	J블록	K블록	L블록	M블록	평균
기존침하	443.8	452.7	362.3	364.5	479.1	368.2	481.4	448.1	416.5	423.3	611.1	441.0
누적침하	1082.0	908.0	808.8	1002.7	1115.8	888.2	1315.7	1077.7	920.4	897.2	1294.8	1028.4
잔여침하	638.2	455.3	446.5	638.2	637.7	520.0	834.3	629.6	638.2	455.3	446.5	638.2

(5) Power Creep Law 모델 적용 시 장기침하량 예측

Power Creep Law는 일정한 하중하에서 나타나는 시간 의존적인 거동을 나타내는 가장 간단한 모델로서, 많은 공학적인 재료의 크리프 거동을 나타내기 위해 멱승법칙이 사용되었으며, 2003년 12월 22일까지를 기준으로 15년 후의 침하량을 예측하였다.

수도권 제1매립장의 장기적인 침하예측 결과 8단 상부 파워 크리프 법칙 모델의 경우 1144.3~1976.6cm(평균 1559.8cm) 정도의 값으로 예측되었으며, 향후 1118.8cm 정도의 침하가 더 발생할 것으로 사료된다.

각 블록별 파워 크리프 법칙 모델을 이용하여 구해진 예측침하량은 표 6.12와 같다

표 6.12 파워 크리프 법칙 모델에 의해 예측된 장기침하량

구분	B블록	C블록	D블록	E블록	G블록	H블록	I블록	J블록	K블록	L블록	M블록	평균
기존침하	443.8	452.7	362.3	364.5	479.1	368.2	481.4	448.1	416.5	423.3	611.1	441.0
누적침하	1515.8	1451.5	1670.8	1346.8	1450.2	1144.3	1913.6	1527.6	1254.2	1976.6	1906.3	1559.8
잔여침하	1072.0	998.8	1308.5	982.3	971.1	776.1	1432.2	1079.5	1072.0	998.8	1308.5	982.3

6.3.4 장기침하 예측결과 비교

압밀침하를 예측을 할 경우에는 일반적으로 실내시험 성과를 이용하여 이론식에 의한 계산 결과를 많이 사용한다. 그러나 실측침하와 이론계산의 결과는 지반의 불균일성, 실내시험에 의한 지반 정수결정에 관한 문제점 등으로 인하여 일반적으로 잘 일치하지 않으므로 압밀과정의 어느 시점까지 관측된 실측자료를 기초한 침하예측 방법을 사용한다.

이기중은 '현장계측에 의한 쓰레기매립지의 장기침하거동'에서 기존모델과 1999년도 실측자료를 이용하여 수도권 매립지 장기침하를 예측하였다.[11] 당시 비교적 일정한 상재하중이 작용하는 외부 3, 4단 제방을 대상으로 연구를 수행했으며, 수도권매립지(1매립장)의 침하양상은 Bjarngard & Edgers(1990)의 침하모델에서와 같이 중간침하단계를 거쳐 장기침하단계에 이르는 외국매립지의 침하경향과 유사함을 밝혀내고, 다양한 예측모델을 대상으로 결과를 비교하였다.[11] 비교 결과, 쌍곡선법과 Gibson & Lo의 유변학적 모델의 결과가 양호하고, Power Creep Law 모델의 경우 다른 모델에 비해 과다예측된다고 하였다.

그 후 박정현은 '다층구조 폐기물 매립장 침하거동'에서 2001년도까지의 실측자료를 바탕으로 3, 4단 제방의 15년 장기침하를 예측하고, 그 결과와 1999년의 예측결과를 비교하여 쌍곡선모델과 Gibson & Lo의 유변학적 모델의 결과가 정확하다는 가정을 세우고, 두 모델로 8단의 15년 장기침하로 각 블록의 침하 모델계수를 결정하여 다음 표 6.14와 같이 침하를 예측하였다.[11]

표 6.13 침하모델로부터 예측된 15년 후 3단 제방의 장기 평균침하량

구분	매립두께 (m)	상재하중 (t/m²)	Bjanggard & Edgers(cm)	쌍곡선법 (cm)	Gipson & Lo (cm)	Power creep (cm)
1999년 예측			177.3	184.5	196.3	286.3
매립 종료 후 예측(2001. 2.)	8.71	6.8	241.1	180.0	181.4	264.3

표 6.14 각 블록별 매립 종료 15년 후 침하 예상

구분	A블록	B블록	C블록	D블록	E블록	F블록	G블록	H블록	I블록	J블록	K블록	평균
쌍곡선법	357.1	400.0	588.2	500.0	434.8	308.6	714.3	384.6	500.0	625.0	781.3	508.5
Gipson & Lo (cm)	310.6	396.1	543.1	438.0	431.9	303.3	724.9	356.6	499.4	626.2	757.4	489.7

그림 6.19와 6.20은 2003년 매립이 완료된 후 실측 결과로 기존의 연구들과 비교·고찰하기 위한 것이다. 그림 6.19는 1999년과 2001년도 기준으로 3단 제방 B블록의 15년 장기침하예측 결과를 도시한 것이며, 그림 6.20은 2001년과 2003년 기준으로 8단 제방 B블록의 장기침하예측결과를 도시한 것이다.

그림 6.19에서 2년간의 실측결과의 차가 있지만 각 모델에 대해 예측치의 차이는 크지 않으며, Gibson & Lo의 유변학적 모델과 Power Creep Law 모델의 경우 예측의 결과가 거의 동일하다. 단지 쌍곡선모델과 Gibson & Lo의 유변학적 모델의 결과가 비교적 비슷한 결과를 보이며 Power Creep Law 모델의 경우 다른 모델에 비해 큰 침하가 예측됨을 알 수 있다. 그러나 단지 이 결과만으로 Power Creep Law 모델의 예측결과가 과다 예측된다고 단정할 수는 없을 것으로 사료된다.

그러나 그림 6.20의 2001년과 2003년에 수행된 8단 B블록의 장기침하결과를 보면 2001년의 쌍곡선법과 Gibson & Lo의 유변학적 모델에 의한 예측결과는 비슷한 양상을 보이지만 2001년의 Power Creep Law 모델과 2003년의 세 가지 방법에 의한 예측 결과와는 전혀 다른 양상을 보이고 있다. 이 그림에서는 단지 Power Creep Law 모델만이 일정한 경향을 가지고 실측치에 근접해감을 알 수 있다

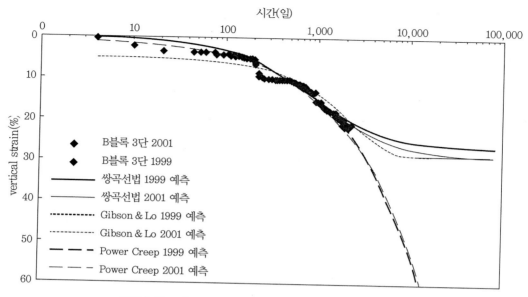

그림 6.19 3단 제방의 장기침하 예측(B블록, 1999, 2001년)

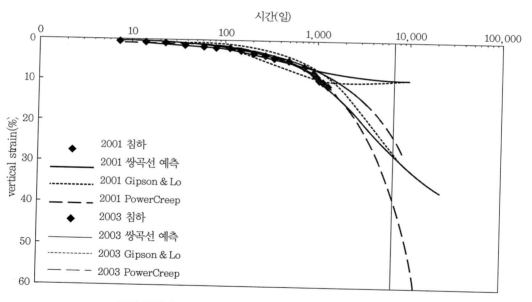

그림 6.20 최종 8단의 장기침하 예측(B블럭, 2001, 2003년)

표 6.15와 그림 6.21은 2003년도 실측자료를 바탕으로 각 장기침하 예측 모델에 대한 분석한 결과이다. 쌍곡선 모델과 Gibson & Lo의 모델은 서로가 근접한 예측 결과를 나타냈으며,

Power Creep Law, Yen과 Scanlon 방법 역시 비슷한 결과가 나왔다. 회귀분석에 의한 예측은 위의 두 모델군의 예측치 사이에서 Power Creep Law, Yen과 Scanlon 방법에 다소 근사하게 나타났다. 그러나 2001년에 수행된 쌍곡선 모델과 Gibson & Lo의 모델의 예측치는 다른 예측치와 차이가 많이 발생하고 있으나 Power Creep Law에 의한 결과는 비슷하게 나타나고 있다. 비교를 통해 쌍곡선 모델과 Gibson & Lo의 모델은 거의 비슷한 예측결과를 나타내며, 그 결과는 다른 방법에 의한 것보다 다소 작게 산정됨을 알 수 있다.

표 6.15 각 블록별 매립 종료 15년 후 침하 예상

구분	쌍곡선법 (cm)	Gibson & Lo (cm)	Power Creep Law(cm)	Yen과 Scanlon 방법(cm)	회귀분석 (cm)	비고
15년	643.0	587.4	1,118.8	1,172.0	952.2	

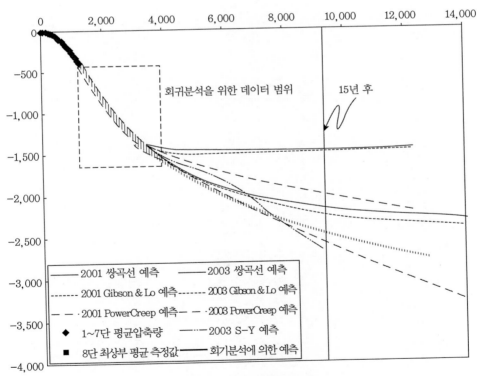

그림 6.21 8단 장기침하예측

거의 모든 경우에 최근의 예측침하량이 과거의 것보다 크게 나타나고 있음을 알 수 있는데, 이는 외국에서 적용되는 모델을 그대로 사용하므로 나타나는 결과로 사료된다. 즉, 외국의 폐기물에 비해 수도권매립지의 쓰레기가 많은 유기물을 포함하고 있어서 폐기물 매립지의 지반 간극(침출수, 가스)이 비교적 급속히 배출됨으로써 침하량의 예측에 차이를 가져온 것으로 평가된다.

| 참고문헌 |

1) 강석태(1997), '매립지 안정화에 대한 침출수 재순환율의 영향', 한국과학기술원, 석사학위 논문.

2) 동아건설산업(주)(1996), CH2M HILL, 수도권매립지 1공구 안정화 기본설계 종합보고서(지반분야).

3) 박현일·이승래·라일웅·성상열(1997), '난지도 쓰레기매립지의 침하특성', 한국지반공학회지, 제13권, 제2호, pp.65-75.

4) 박현일,·이승래·고광훈(1998), '분해가 고려된 쓰레기매립지의 장기침하거동', 한국지반공학회지, 제14권, 제1호, pp.5-14

5) 박현일·이승래·고광훈(1998), '매립년한이 서로 다른 쓰레기매립지의 장기 침하거동', 한국지반공학회지, 제14권, 제2호, pp.21-30.

6) 박현일·이승래(1998), '신선한 쓰레기매립지의 장기침하예측에 대한 분해효과 평가', 한국지반공학회지, 제14권, 제6호, pp.127-138

7) 서울특별시(1996), 난지도매립지 안정화 공사 – 지반 및 수리지질조사보고서.

8) 수도권 매립지 운영관리조합(1995), 수도권매립지 제1공구 기반시설 보완(지반 안정성 및 지하수 오염(중금속) 평가분야) 연구 보고서.

9) 수도권 매립지 운영관리조합(1996), 수도권 매립지(1공구) 매립작업 및 부대공가계측관리 종합보고서.

10) 수도권매립지 운영관리조합·(주)선진엔지니어링(1997), 수도권매립지 1공구(7, 8단) 매립작업 및 부대공사 실시 설계보고서.

11) 이경두(2004), '폐기물 매립장의 침하거동 고찰', 중앙대학교건설대학원, 공학석사학위논문.

12) 이복수·황규호·이광열·이송(1995), '도시 쓰레기의 침하특성', 대한토목학회논문집, 제15권, 제6호, pp.1773-1782.

13) 장연수(1998), '지반구조물 거동의 정보 확보와 시공에의 이용(VI)', 한국지반공학회지, 제14권, 제5호, pp.272-284.

14) 정하익(1998), 지반 환경 공학, 도서출판유림, pp.77-171.

15) 환경관리공단(1997), 환경기초시걸 표준화 지침(매립시설 운영관리 분야)

16) 환경청, ㈜선진엔지니어링(1988), 김포지구 수도권 해안매립지 조성사업토질조사 보고서.

17) 한국건설기술원(1992), '도시폐기물 매립장의 건설부지활용과 위생매립 시스템에 관한 연구', KICT/92-GE-112.

18) 한국건설기술연구원(1996), 김포매립지 쓰레기의 전단특성분설.

19) 한국건설기술연구원(1998), 매립쓰레기의 전단특성, 건기연, 98-048.

20) 한국지반공학회(1994), 난지도매립지 안정화 기본설계 – 장기침하 특성분석 보고서.

21) 한국토지개발공사(1993), 안양, 평촌지구 매립쓰레기에 관한 연구.

22) 황성덕(2000), '난지도 쓰레기매립지의 지반공학적 특성', 중앙대학교건설대학원, 공학석사학위논문.

23) Al-Khafaji, a.W.N., and Andersland. O.B.(1981). "Compressibility and Strength of Decomposing Fibre-Clay Soils", Geotechnique, Vol.31, No.4, pp.497-508.

24) Bjarngard, A.(1989), "The Compressibility Characteristics of Landfills", Thesis Submitted in Partial Fulfillment of M.S. in C.E., Tuft Unversity, Medford, MA, May 1989.

25) Bjarngard A., and Edgers, L.(1990), "Settlement of Municipal Solid Waste Landfills", The thirteenth Annual Madison Waste Conference, September, pp.192-205.

26) Dodt M.E., Sweatman, M.B. and Bergstorm, W.R.(1987), "Field Measurements of Iandfill Surface Settlements", ASCE Geotechnical Special Publication, No.13, pp.406-417.

27) Edil, T.B., Ranguetti V.J and Wueliner, W.W.(1990), "Settlement of municipa refuse", Geotechnics of waste fills-theory and practice, ASTM STP 1070, Philadelphia, pp.225-239.

28) Fasset, J.B., Leonards, G.A., and Repetto, C.(1994), "Geotechnical Properties of Municipal Solid Wastes and Their Use in Landfil Design", Proceedings of Waste Tech Conference., Charleston, SC, January.

29) Gandolla, M., L., Dugnani, G.B. and Acaia C.(1992), "The Determination of Subsidence Effects at Municipal Solid Waste", Proc., 6th Int. Solid Wastes Congress, Madrid, pp.1-17.

30) Gabr, M.A. And Valero, S.N.(1995), "Geotechnical Properties of Municipal Solid Waste", Geotechnical Testing Journal, 18(2).

31) Gabr, M.A., Bowders, J.J and Wokasien, S.(1996), Prefabricated vertical drains(PVD) for enhanced soil flushing, Geoenvironmental, 2000.

32) Grisolia M. and Napoleoni Q. (1995), "Deformability of Waste and Settlements fo Sanitary Landfills", ISWA '95 World Congress on Waste Management, Wien.

33) Grisolia, M, and Napoieoni, Q.(1996), "Geotechnical Characterization of Municipal Solid Waste", Proc of th 2nd Intl Congress of Environmental Geotechnics, Osaka, Japan, Vol.2, pp.641-646.

34) Gordon, D.L., Lord. J.A. and Twine, D.(1986), "The Stockley Park Project", Proc., Building on Marginal and Derrlict Land: An Institution of Civil Engineers Conf., Glasgow, U.K. pp.359-381.

35) Hoe I.L., Leshchinsky D., Mohri Y., and Kawatata T.(1998), "Estimati on of Municipal Solid Waste Landfill Settlement", J. of Geotechnical and Geoenvironmental Edgrg, Vol.124, No.1, January, pp.21-28.

36) Jessberger, H.L.(1996), TC5 activities-Technical Committee on Environmental Geotechnics, Second Intermational Congress on Environmental Geotechnics, ISSMFE and JSG.

37) Jessberger, H.L. and Kockel, R.(1993), "Determination and Assessment of th Mechanical Properties of Waste Material", Proc., Int Symp. Green '93, Bolton, UK, A.A. Balkema, Rotterdam.

38) Landva, A.Q. and Clark, J.I.(1990), "Geotechnic of Wast Fill", Geotechnics of Wste Fill-Theory and Practice, ASTM STP 1070. ASTM. Philadelphia. Pa., pp.86-106.

39) Manassero, M., Van Impe, W.F. and Bouazza, A.(1996), Waste disposal and containment, Second International Congress on Environmental Geotechnics, ISSMFE and JSG.

40) McBean, E.A., Rovers, F.A. and Farguhar, G.J.(1995), *Solid Waste Landfill Engineering and Design*, Prentice Hall.

41) Morris, D.V. and Woods, C.E.(1990), "Settlement and engineering considerations in landfill and final cover design", Geotechnics of waste fills-theory and practice, ASTM 1070, Philadelphia, pp.9-21.

42) Mitchell, J.K, Bray J.D., and Mitchell, R.A.(1995), "Material Interactions in Solid Waste Landfills", Geoenvironment 2000-Characterzation, Containment, remediation, and Performance in Environmental Geotechnics, Geotechnical Special Publication, No.46, ASCE, pp.568-590.

43) Oweis, I.S. and Khera, R.P.(1986), "Criteria for Geotechnical Construction of Sanitary Lanfills", International Symposium on Environmental Geotechnology.

44) Owies, I.S. and Khera, R.P.(1998), Geotechnology of Waste Management, 2nd Ed., PWS Publishing Company, New York, New York.

45) Rao, S.K.(1974), "Prediction of Settlement in Landfills for Foundation Design Purpose", A Dissertation submitted to the graduate school of West Virginia Univ.

46) Rao, S.K. Moulton, L.K., and Seals, R.K.(1977), "Settlement of refuse Iandfills", Proc. Speciality Conf. of Geotech. Eng. Practice for disposal of Solid Waste Material, Ann Arbor, Michigan, pp.574-598.

47) Sharma H.D., Dukes, M.T. and Olsen, D.M.(1990), "Field Measurements of Dynamic Moduli and Poisson's Ratios of Refuse and Underlying soils at a Landfill Site", ASTM Special Technical Pubilcation, pp.57-70.

48) Shimizu(1996), Geotechnics of waste landfill, Second International congress on Environmental Geotechnics, ISSMFE and JSG.

49) Siegel R.A., Robertson, R.J. and Anderson, D.G(1990), "Slope Stability Investigations at a Landfill in Southern California", ASTM Special Publication 1070, 1990, pp.259-289.

50) Sohn, K.C and Johnson, A.M.(1991), "Factors affecting determination of stability and settlement of sanitary landfills", The 5th International Symposium on Solid Waste Management Technology, Seoul, pp.207-241.

51) Sowers, G.F.(1973), "Settlement of Waste Disposal Fills", Proceedings, The Eigth International Conference of Soil Mechanics and Foundaion Engineering, Moscow, Vol.2.2, pp.207-210.

52) Wardwell, R.E., Nelson, J.D.(1981), "Settlement of Sludge Landfills with Fiber Decompostion", Proceedings, Tenth International Conference for Soil Mechanics and Foundation Engineering, Vol.2, Stockholm, Sweden, pp.397-401.

53) Woodsard-Clyde Consultants(1981), *Final Geotechnical Engineering Study for the Proposed Building 'D'*, Sierra Point Development Company.

54) Yen B.C. and Scanlon, B.(1975), "Sanitary landfill Settlement Ratesm" Journal of Geotechnical Engineering, ASCE, Vol.105, No.GT5, pp.475-487.

55) Zimmerman R.(1972), "A mathematical model for solid saste settlement", A Dissertation submitted to the graduate school of North Western Univ.

「토질공학편」을 마치면서

지금 막 저자는 '홍원표의 지반공학 강좌'의 세 번째 강좌인 「토질공학편」 강좌의 집필을 완료하여 즐거운 마음으로 이 글을 쓰고 있다.

특히 올해는 연 초에 우리들의 멘토였던 이어령 전 문화부장관을 비록하여 최근 KBS 전국노래자랑의 영원한 MC 송해 선생님에 이르기까지 많은 사람들이 우리 곁을 떠났다. 그리고 어려운 우리나라의 재건을 위해 힘쓰셨던 조순 전 부총리도 극히 최근 우리 곁을 떠나셨다.

저자 개인적으로도 올해 중앙대학교 건설대학원 최고경영자과정의 동문회장이셨던 나경렬 회장님, 동문건설의 경재용 회장님, 김학송 전 도로공사 사장님 등 여러 사람들이 곁을 떠나셨다. 성큼 다가선 생명의 한계 속에서 이렇게 집필에 열중하게 해주신 하나님께 한 없이 감사드릴 뿐이다.

'홍원표의 지반공학 강좌'는 2015년 8월 31일 저자가 34년을 봉직한 중앙대학교를 퇴임하면서 시작한 집필 작업으로, 그간 『수평하중말뚝』, 『산사태억지말뚝』, 『흙막이말뚝』, 『성토지지말뚝』, 『연직하중말뚝』의 다섯 권으로 구성된 첫 번째 강좌인 「말뚝공학편」 강좌에 이어, 『얕은기초』, 『사면안정』, 『흙막이굴착』, 『지반보강』, 『지하구조물』의 다섯 권으로 구성된 두 번째 강좌인 「기초공학편」의 집필을 계속하였다.

이어서 '홍원표의 지반공학 강좌'에서는 세 번째 강좌인 「토질공학편」 강좌 집필을 계속 진행해왔다. 특히 「토질공학편」 강좌에서는 『토질역학특론』, 『흙의 전단강도론』, 『지반아칭』, 『흙의 레오로지』, 『지반의 지역적 특성』의 다섯 가지 주제를 다루어왔다.

「토질공학편」 강좌의 첫 번째 주제인 『토질역학특론』에서는 흙의 물리적 특성과 역학적 특성에 대하여 설명하였다. 특히 여기서는 두 가지 특이 사항을 새로이 취급하여 체계적으로 설명하였다. 하나는 '흙의 구성모델'이고 다른 하나는 '최신 토질시험기'이다. 먼저 구성모델로는 Cam Clay 모델, 등방단일경화구성 모델 및 이동경화구성 모델을 설명하여 흙의 거동을 예측하는 모델을 설명하였다. 이와 같이 『토질역학특론』에서는 흙의 응력과 변형률 사이의 관계를 중점적으로 설명하였으며 특히 흙의 구성방정식에 대한 설명에 많은 지면을 활해하였다. 그리고 최신 토질역학시험기로 입방체형 삼축시험기와 비틀림전단시험기에 대한 설명을 추가하여 종래 취급하지 못하던 세 주응력재하와 주응력회전 거동 표현을 가능하게 하였다.

두 번째 서적인 『흙의 전단강도론』에서는 지반전단강도의 기본개념과 파괴규준에 대한 강의를 주로 하였다. 특히 이 책에서는 중간주응력의 역할과 대응력반전의 역할과 거동에 대한 설명을 추가하였다. 끝으로 토사층과 암반층이 존재하는 경계면에서의 전단강도에 대한 개념을 자세히 설명하여 산사태나 사면파괴의 안정해석에 적용할 수 있는 이론적 개념을 설명하였다.

세 번째 서적인 『지반아칭』에서는 입상체 입자로 구성된 지반 속에서 발생되는 지반아칭 현상에 대하여 먼저 흙입자의 이동방향에 따라 구심이동과 평행이동 시에 발달하는 지반속의 지반아칭 현상을 실험적으로 및 이론적으로 접근할 수 있는 근거를 마련하였다. 이 서적에서 지반아칭이 발달하는 지반의 사례로 트랩도어, 트렌치, 산사태억지말뚝, 엄지말뚝흙막이벽, 성토지지말뚝, 지반 속 이완영역, 후팅기초, 인발말뚝, 지중연속벽, 지하구조물 등을 열거·설명하였다.

네 번째 서적인 『흙의 레오로지』에서는 변형과 시간 개념이 함께 섞여 있는 점탄성 해석을 적용할 수 있는 점성토 지반의 역학적 거동과 해석적 개념을 설명하였다. 지반에 점탄성해석을 적용할 수 있는 사례로는 산사태시의 지반거동해석, 산사태억지말뚝 거동해석, 블라인드 실드 추진 시 주변지반의 거동해석, 크리프 거동해석, 굴착지반의 히빙해석, 측방유동지반 속에 발생하는 현상을 열거·해석하였다.

다섯 번째 서적인 『지반의 지역적 특성』에서는 우리나라 지반의 특성을 설명하였다. 점성토와 사질토로 구분하여 먼저 서·남해안의 해성점토지반의 특성과 제주도에만 존재하는 특수 모래지반의 역학적 특성을 설명하였다. 또한 사계절의 구분이 확실한 우리나라에서 도로설계 시 가장 중요한 동결심도를 전국적으로 조사한 결과에 대하여 자세히 분석·설명하며 기후특성과 지반특성을 함께 고려할 수 있는 새로운 동결심도 산정식을 유도·제안하였다.

그 밖에도 우리나라 지반의 특성을 나타내는 방법으로 세 가지 사항을 열거·설명하였다.

먼저 모든 현장에서 항상 실시하는 표준관입시험치를 점성토지반과 사질토지반으로 구분하여 분석하였다. 또한 우리나라의 지반 특성으로는 암이 비교적 얕게 분포되어 있으므로 암발파 시의 진동상수에 대한 고찰도 추가 검토하였다. 끝으로 최근 세계 각국의 고민거리인 쓰레기 폐기물매립지에 대하여 향후 관리와 활용도를 증진시키기 위해 지반공학적 특성과 쓰레기매립지의 침하거동에 대하여 설명하였다.

이상에서 검토·설명한 바와 같이 '홍원표의 지반공학 강좌'의 세 번째 강좌인 「토질공학편」 강좌에서는 토질역학의 기본개념에 대한 새로운 접근법에 대하여 설명함과 동시에 실질적인 기초공학 현장 사례에 대하여 설명하여 토질역학 및 기초공학 분야에서의 앞으로의 방향을 제시하였다.

이를 위해 현재의 우리 주변의 상황을 잘 살펴보기 위한 발판을 '홍원표의 지반공학 강좌'의 네 번째 강좌인 「건설공학편」 강좌의 발판을 마련하고자 한다. 즉, 이어서 집필하게 될 「건설공학편」에서는 재직 중 저자가 관여했던 프로젝트 중 남겨놓고 싶은 사항을 선정하여 집필 작업을 계속할 예정이다.

끝으로 세 번째 강좌에서는 원고 정리에 아내의 큰 도움을 받아 무사히 마칠 수 있었음을 밝히며 아내에게 고마운 마음을 여기에 표하고자 한다.

2022년 12월 '홍원표지반연구소'에서
저자 **홍원표**

저자 소개

홍 원 표

- (현)중앙대학교 공과대학 명예교수
- 대한토목학회 저술상
- 중앙대학교 학생처장, 건설대학원장, 대외협력본부장(부총장)
- 서울시 토목상 대상
- 과학기술 우수 논문상(한국과학기술단체 총연합회)
- 대한토목학회 논문상
- 한국지반공학회 논문상·공로상
- UCLA, 존스홉킨스 대학, 오사카 대학 객원연구원
- KAIST 토목공학과 교수
- 국립건설시험소 토질과 전문교수
- 중앙대학교 공과대학 교수
- 오사카 대학 대학원 공학석·박사
- 한양대학교 공과대학 토목공학과 졸업

지반의 지역적 특성

초 판 인 쇄 2022년 12월 12일
초 판 발 행 2022년 12월 19일

저   자 홍원표
펴 낸 이 김성배
펴 낸 곳 도서출판 씨아이알

책 임 편 집 박영지
디 자 인 윤지환, 박진아
제 작 책 임 김문갑

등 록 번 호 제2-3285호
등 록 일 2001년 3월 19일
주   소 (04626) 서울특별시 중구 필동로8길 43(예장동 1-151)
전 화 번 호 02-2275-8603(대표)
팩 스 번 호 02-2265-9394
홈 페 이 지 www.circom.co.kr

I S B N 979-11-6856-043-7 (세트)
         979-11-6856-116-8 (94530)
정   가 23,000원